AF468188

# TRAITÉ CHIMIQUE DE L'AIR ET DU FEU;

*Par Charles-Guillaume* SCHEELE, *Membre de l'Académie Royale des Sciences de Suède;*

AVEC UNE INTRODUCTION

*De* TORBERN BERGMANN, *Professeur de Chimie & de Pharmacie, Écuyer, Membre de plusieurs Académies:*

OUVRAGE TRADUIT DE L'ALLEMAND;

*Par le Baron* DE DIETRICH,

Secrétaire-Général des Suisses & Grisons, Membre du Corps de la Noblesse immédiate de la basse Alsace, Correspondant de l'Académie Royale des Sciences.

*A PARIS,*

RUE ET HÔTEL SERPENTE.

M. DCC. LXXXI.

*Sous le Privilège de l'Académie.*

# *AVIS*

## DU TRADUCTEUR.

*Tandis que M. Lavoisier se voyoit réduit à ne semer (1) qu'avec précaution, dans ses différens Ouvrages, les apperçus de principes nouveaux sur la physique de la chaleur & du feu, M. Wilke les publioit à Stockholm : le Docteur Black à Edimbourg, & le Docteur Irvine à Glascow, en étoient imbus dès long-temps, & le Docteur Craw-*

*ford renchérit sur tous ces Savans, en réduisant leurs idées en théorie, dans son Ouvrage sur* la chaleur animale & sur l'ignition des corps, *que M. Magellan nous a fait connoître. M. Scheele de son côté considéroit la chaleur & le feu en Physicien & en Chimiste : son but étoit de les analyser. Ses expériences sont devenues la base d'une nouvelle doctrine qu'il a publiée dès l'année 1777, dans l'Ouvrage dont on donne aujourd'hui la Traduction. Il fut bientôt après publié en Anglois ; mais il ne nous en est parvenu dans notre Langue que des* notions insuffisantes. M. Turgot, qui cultivoit avec passion la Chimie, & auquel aucune Science n'étoit étrangère, m'engagea à traduire cet Ouvrage, dont les citations qu'il trouvoit à chaque instant, lui avoient fait sentir l'utilité. La nouveauté de la doctrine qu'il contient piquoit infiniment sa curiosité. Cette Traduction devoit être faite sous ses yeux, & revue par lui. Je l'eusse présentée avec confiance au Public : ce sentiment ne m'est plus permis. J'aurai du moins rempli les vues de M. Turgot & les miennes, si mon travail peut être agréable à *l'Académie, dont plusieurs Membres m'ont paru en desirer l'impression, & utile aux Savans François.*

# PRÉFACE
## DE L'AUTEUR.

L'EXAMEN de l'Air a toujours été un des objets principaux de la Chimie : aussi ce fluide élastique est-il doué de tant de propriétés particulières, qu'il met ceux qui s'en occupent à portée de faire souvent des découvertes. Nous voyons que le Feu, ce produit si admirable de la Chimie, ne sauroit exister sans air. Pourrois-je m'être trompé, en entreprenant de démontrer dans ce Traité, qui n'est qu'un Essai Chimique ſur la doctrine du Feu, qu'il exiſte dans notre atmoſphère un Air que l'on doit regarder comme une partie conſtituante du Feu, en ce qu'il contribue matériellement à la flamme, & que, par rapport à cette propriété, j'ai nommé Air du Feu (2). Certes, je n'aurai pas la témérité de vouloir en impoſer à mes Lecteurs; les expériences les plus ſûres dépoſent en ma faveur. Je les ai répétées plus d'une fois; & ſi je ne me trompe, j'ai aſſez approché du but que je m'étois propoſé, d'apprendre à connoître le Feu. Cette récompenſe de mes travaux fait ma ſatisfaction. Je ne ſaurois la réſerver pour moi ſeul; & ce motif me détermine à publier cet Ouvrage, dont j'avois déjà achevé la plus grande partie lorſque les belles expériences de M. Prieſtley me tombèrent ſous les yeux. Si la théorie de Meyer n'a pas beaucoup de ſectateurs, ſes expériences ont cependant leur mérite. Cet homme laborieux eût ſans doute changé de façon de penſer, s'il avoit acquis une idée nette de l'Air fixe ou de la théorie de Black : mais comme, de ſon temps, cette théorie n'étoit pas encore parfaitement développée, il n'eſt pas ſurprenant qu'il tînt encore à l'ancienne opinion, que les alkalis purs & les terres abſorbantes devoient faire efferveſcence avec les acides. Aurois-je pouſſé trop loin mes recherches chimiques dans ce Traité? Déjà j'en prévois les reproches : mais je penſe qu'on ne ſauroit pre' ·ire des bornes à cette Science, que lorſqu'elle ne trouve plus à opérer ſur la matière ; & qui me démontrera que la lumière & la chaleur ne doivent pas être miſes au rang des corps, quelque ſubtiles & déliées qu'elles ſoient? On pourra, je l'eſpère, conclure au moins de mes expériences, qu'elles doivent leur exiſtence à deux ſortes de ſubſtances (il eſt donc impoſſible d'admettre que la lumière, la chaleur & l'Air ſoient des élémens), qui, au moyen de l'attraction, cet effet ſi incompréhenſible de la Nature, peuvent très-ſouvent être réduites en leurs parties conſtituantes. Si cela n'étoit pas, on ſeroit fondé à demander d'où vient qu'il ſe forme tout cet Air du Feu que les animaux corrompent, que l'acide aërien dénature à chaque inſtant, & qui eſt indiſpenſable à la production du Feu ?

Le temps nous apprendra ſi mes conjectures ſur les parties conſtituantes des terres ſont éloignées de la réalité. Je crois cependant que l'on ne doit pas regarder mon opinion comme une ſimple hypothèſe : elle a pour baſe des expériences réelles ; & j'admets pour certain que l'eau pure en elle-même ne ſauroit être convertie, ni par l'Art, ni par la Nature, en une matière sèche, douée de toutes les propriétés d'une vraie terre. Je sais parfaitement que l'on peut obtenir une terre par des distillations réitérées & la trituration de l'eau. Il ne me suffisoit pas d'avoir lu ce fait; il falloit que je visse par moi-même cette merveilleuse conversion. Je pris un quart d'once d'eau de neige distillée; je la versai dans un petit matras de verre, de la forme & de la grandeur d'un œuf, pourvu d'un col étroit, long d'environ une aune: j'y fis bouillir l'eau, & bouchai tout de suite hermétiquement le matras; je le suspendis ensuite sur une lampe allumée, & j'entretins l'ébullition, sans interruption, pendant douze jours & douze nuits. Au bout de deux jours, l'eau avoit un œil blanchâtre: ſix jours étant révolus, elle étoit comme du lait, & en douze jours elle paroiſſoit épaiſſe. Tout étant refroidi, je ne remuai point le matras, pour que la poudre blanche pût ſe dépoſer; ce qui n'eut lieu qu'au bout de deux jours. J'en décantai l'eau, dont les propriétés étoient de dégager l'alkali volatil du ſel ammoniac avec lequel on la mêla, d'être coagulée par l'acide vitriolique, de précipiter les ſolutions métalliques, de verdir le ſyrop de violettes, & de devenir gélatineuſe à l'air libre: la terre blanche, très-déliée, ſe comportoit comme de la terre vitrifiable, mêlée avec très-peu de chaux. Je caſſai le matras, & je trouvai que ſa ſurface intérieure étoit matte & sans brillant (3), jusqu'à la hauteur où l'eau bouillante montoit ; ce qui ne fut visible que lorsque le verre fut sec. Pouvois-je donc encore douter que l'eau, par une longue ébullition, ne décomposât le verre ? N'ai-je pas ici une véritable liqueur des cailloux ? Il s'en faut donc bien que la terre que j'ai obtenue dût son origine à l'eau. Je n'eus pas plus de succès en broyant un peu d'eau distillée, pendant deux heures, dans un mortier de verre : elle y prit une couleur laiteuse. Lorsque la matière blanche fut déposée, je la décantai : cette eau avoit les qualités de l'eau pure, n'indiquant rien d'alkalin. La terre blanche n'étoit autre chose que du verre pulvérisé.

# AVANT-PROPOS,

*PAR M. TORBERN BERGMANN, Chevalier de l'Ordre de Vasa, Professeur de Chimie en l'Université d'Upsal, Membre des Académies d'Upsal, de Stockholm, Gottingue, Berlin, Gottenbourg, &c.*

L'HISTOIRE de la Nature semble avoir trois degrés, dont l'*Histoire Naturelle proprement dite* est le premier. Elle fixe notre attention à la surface, & nous apprend à recueillir sur ses formes des indications utiles, qui nous mettent en état de distinguer les corps les uns des autres. Le second degré est la *Physique*, qui étend plus loin nos observations, en examinant les propriétés générales de la matière (sa *dilatation*, son impénétrabilité, sa force d'inertie, &c.), eu égard à sa propre constitution & à sa manière de se comporter. La *Chimie* est le degré le plus élevé: elle recherche les matières principes, leurs mêlanges, & leurs rapports les unes envers les autres.

Toutes les propriétés particulières des corps dépendant de leur structure & de leur composition, il en résulte nécessairement que toutes les opérations que nous faisons sur des choses matérielles, ne peuvent acquérir leur perfection sans la connoissance de l'histoire de la Nature; &, comme ces travaux ont principalement en vue notre santé, nos besoins ou notre agrément, ils ont donné naissance à trois classes de Sciences-pratiques, la Médecine, l'Economie & les Arts. Considérons très-briévement la relation de la Chimie avec chacune de ces trois Sciences.

Dans les temps où la Chimie se fondoit principalement sur des hypothèses ridicules, on s'en servoit néanmoins avec un zèle & une confiance aveugle pour guérir toutes les infirmités, les maladies, & même pour parvenir à l'immortalité : alors elle ne pouvoit qu'être nuisible à la Médecine.

Nous ne connoissons rien des corps *à priori*; nous apprenons tout par des observations & des expériences. Il faut de l'habileté, une application particulière & l'amour le plus sincère de la vérité, pour en imaginer & en entreprendre de telles, que leurs résultats expliquent réellement ce que l'on desire de découvrir, & pour ne pas se laisser séduire par le desir de tirer des conclusions générales; lors même qu'on n'a qu'un petit nombre de données, & qu'on n'a point encore acquis de conviction parfaite. Il est à la vérité moins pénible & plus flatteur pour notre amour-propre de pouvoir découvrir à la hâte toute la marche de la Nature : d'ailleurs, l'homme est naturellement paresseux ; il se prévient plus facilement par des choses idéales que par des réalités ; & de notre temps encore, lors même qu'on regarde la voie de l'expérience comme la seule qui soit sûre, il est toujours douloureux d'avouer les bornes de ses connoissances : de-là les inconvéniens, les abus, les sottises même dont aucune Science n'est exempte, qui entraînent malheureusement à leur suite le plus grand nombre.

Toutes les fonctions de notre corps sont, ou mécaniques, ou chimiques ; celles de notre ame ne sauroient être rangées dans l'une de ces deux classes : notre nourriture est décomposée & dénaturée, au moyen de la salive, du chyle, de la bile, &c, en passant par la bouche, l'estomac, les boyaux & les autres conduits, de manière qu'il ſe prépare en différentes parties, diverſes matières néceſſaires à l'accroiſſement & au ſoutien de notre machine. De plus, le poumon, par ſon mouvement continuel, introduit, par ſes vaiſſeaux abſorbans, toute ſorte de particules ſubtiles, & en entraîne de même au-dehors par ſes vaiſſeaux exhalans. Le plus petit déſordre dans toutes ces opérations de la Nature, ſuffit pour établir le principe de beaucoup d'infirmités & de maladies, qu'il faut prévenir ou même détruire par des remèdes qui ne contiennent rien qui puiſſe être nuiſible à d'autres égards, qui contrarie le but principal, qui ſoit ſuperflu, ou qui, très-innocent d'ailleurs, puiſſe incommoder par ſon volume. Il n'eſt donc point douteux que ce ne ſoit un grand avantage de pouvoir concentrer en un grain la vertu de beaucoup d'onces. Si la connoiſſance que nous avons des fonctions naturelles du corps, des cauſes des maladies & des effets des remèdes, étoit fondée ſur des principes chimiques, la Chimie feroit certainement des miracles.

J'entrevois qu'on peut être autoriſé à m'objecter qu'une connoiſſance auſſi importante eſt plus à deſirer qu'à eſpérer; que dans notre corps tout eſt voilé; qu'aucun verre ne ſauroit y faire pénétrer nos yeux; qu'il n'eſt pas permis de ſe jouer de la vie des hommes, & de l'expoſer au haſard des remèdes incertains, &c. Tout cela, quoique vrai, ne ſauroit jamais nous diſpenſer de ſuivre les routes les plus propres à nous conduire à des éclairciſſemens. Ce qui eſt difficile n'eſt point toujours impoſſible. Plus une découverte a coûté de peine & de réflexions, plus elle nous fait honneur, ſur-tout lorſqu'elle concerne ce que l'homme a de plus précieux, la ſanté. Pourvu que l'on ait des connoiſſances vraiment ſolides, on peut, ſans danger, tenter des découvertes. La haute Chimie s'eſt tracé de nos jours plusieurs routes nouvelles, & quelques exemples nous montreront ce qu'on a droit d'en attendre.

Plusieurs maladies ravagent & s'étendent sur des pays fort vastes ; sans être contagieuses en elles-mêmes, elles attaquent des personnes de tout état. Elles ne sauroient provenir de la manière de vivre, qui est si variée dans les sujets. Il faut donc qu'il y ait une cause commune qui influe sur le riche comme sur le pauvre, telle que l'atmosphère. On a observé, depuis nombre d'années, sa pesanteur & sa température : il en est résulté différens éclaircissemens; mais ils ne suffisent pas pour expliquer tous ses effets. Il faut donc apprendre à connoître de plus près sa composition. Les vapeurs & les parties hétérogènes diffèrent autant par la quantité que par leur nature. La Chimie nous apprend que le fluide élastique qui environne notre globe, est, en tout temps

& en tout lieu, un mélange de trois matières ; ſavoir, de bon air, d'air corrompu & d'acide aërien. M. Prieſtley a nommé le premier de ces airs, aſſez mal-à-propos, *air phlogiſtique* (4). M. Scheele l'a appellé, avec plus de raiſon, *air du feu*, parce qu'il eſt le ſeul qui entretienne le feu, & que les deux autres l'éteignent. On donne aſſez communément le nom d'air fixe à la dernière eſpèce. Je crois avoir démontré, par des expériences concluantes, que c'eſt un acide particulier (5). La nature de la première ſorte a été peu approfondie juſqu'à préſent ; elle ne paroît être autre choſe que de l'air pur, gâté, ſoit par du phlogiſtique ſurabondant, ſoit au contraire peut-être par une diminution inſenſible du principe inflammable (6). Il eſt encore difficile de décider laquelle de ces deux conjectures eſt vraie. De ces trois eſpèces, l'acide aërien forme toujours la plus petite partie, & peut être rarement au-delà d'un quinzième du volume de l'atmoſphère, au moins à la ſuperficie de la terre. La proportion de l'air corrompu eſt la plus grande, & bien ſupérieure à celle de l'air pur.

L'action diverſifiée de chacune de ces eſpèces d'air ſur le corps animal, eſt encore enveloppée dans une épaiſſe obſcurité. Il faut que le bon air, celui qui eſt propre à la reſpiration, produiſe un effet admirable, puiſque ſans lui on ne ſauroit vivre. On a cru qu'il contenoit une nourriture vivifiante d'une néceſſité abſolue; ce qui n'eſt point encore démontré : au moins cela ne paroît-il pas conſiſter en quelque choſe d'électrique. On ſera peut-être bientôt en état de décider par des expériences, ſi cet air pur entraîne des parties nuiſibles, & ſur-tout des particules phlogiſtiques. L'air qui a paſſé par les poumons n'étant plus propre à la reſpiration & reſſemblant à l'air phlogiſtiqué, nous pourrons apprendre en même temps ſi la portion de l'air qui compoſe la plus grande partie de l'atmoſphère eſt mortelle lorſqu'on la reſpire ſeule, parce que les corps étrangers dont elle eſt déjà chargée, l'empêchent d'en entraîner de nouveaux des poumons : peut-être l'acide aërien eſt-il auſſi un mauvais air véhicule de ces particules, quoiqu'il n'en ſoit pas chargé d'avance; cependant ſa manière d'agir eſt encore indéciſe : l'on ſait ſeulement qu'il anéantit toute irritabilité. J'ai retiré le cœur d'animaux qui avoient péri par cet acide avant qu'ils fuſſent devenus froids : il m'a été impoſſible d'y exciter la plus petite irritabilité par les menſtrues les plus actifs, par le feu & par le ſcalpel. Si les fibres muſculeuſes étoient la cauſe principale du mouvement des poumons, il ne ſeroit pas difficile de prononcer ſur la cauſe prochaine de ſa mort (7) : mais, comme ils ſont formés de matières d'une toute autre nature, il ſe préſente ici la plus grande

grande difficulté. L'on pourroit à la vérité décider facilement par des expériences, si l'acide aërien & l'air corrompu agissent de la même manière : il faudroit examiner si l'irritabilité, qui paroît être de la plus grande importance pour toute l'économie du corps animal, a été éteinte & anéantie dans les animaux qui ont promptement péri dans un air corrompu par la respiration, le feu ou d'autres circonstances semblables. L'air que nous expirons étant toujours chargé d'acide aërien, il faudroit, pour éviter toute équivoque, en purifier parfaitement l'air corrompu par l'eau de chaux avant de faire des expériences : j'espère en trouver bientôt l'occasion. Si, contre toute attente, le résultat de ces expériences présente les mêmes effets, il paroîtra s'ensuivre que ces deux fluides, de nature différente, agissent particulièrement, *par une impuissance commune*, à entraîner du poumon les particules nuiſibles, ou à y apporter une nourriture vivifiante. Quelque dangereux que l'acide aërien ſoit aux poumons, il eſt cependant très-ſalutaire dans les premières voies. Non-ſeulement les poumons ulcérés le ſupportent, mais il les guérit. A la vérité, dès que la guériſon a lieu, ſon inſpiration devient dangereuſe. En attendant les découvertes qui nous reſtent à faire, on peut toujours tirer avantage de ce qui eſt déjà connu. On peut, par exemple, éprouver très-exactement l'air de l'atmoſphère relativement à ſon uſage dans la reſpiration. Cette découverte nous promet dans peu les éclairciſſemens les plus importans. On découvriroit à coup ſûr la cauſe de beaucoup de phénomènes qu'on eſt hors d'état d'expliquer maintenant, ſi l'on faiſoit en même temps, dans les appartemens habités, dans les hôpitaux & en plein air, des obſervations ſoignées & ſuivies avec l'exactitude la plus rigoureuſe. Nous ſavons déjà que la gangrène épargne rarement les plaies & les abſcès dans un air corrompu, tandis que l'uſage extérieur de l'acide aërien a non-ſeulement diminué en peu de jours les affreuſes douleurs du cancer, cette maladie ſi terrible, mais que ſes plaies effroyables ſe ſont même ſenſiblement fermées. Ce n'eſt point ici le lieu de traiter plus en détail cette importante matière : je dirai cependant encore, en peu de mots, que, relativement aux eaux minérales, à leur analyſe & à leur imitation, la connoiſſance de l'acide aërien a répandu beaucoup de lumière ſur la guériſon du ſcorbut & d'autres putridités internes; qu'une analyſe exacte des pierres des reins & de la veſſie, nous a appris à juger ſainement des remèdes contre les douleurs de la pierre; que la découverte de la nature interne de l'arſénic a rendu ſes terribles effets plus compréhenſibles : elle nous a indiqué les meilleurs moyens d'affoiblir son poison, & même d'en adoucir l'action pour l'employer utilement. Combien les remèdes composés ne se sont-ils pas simplifiés ! & avec quelle sûreté ne se font pas les préparations des matières les plus aiguës ! Que de mêlanges absurdes qui se décomposoient d'eux-mêmes n'a-t-on pas déjà proscrits ! La Chimie ne découvre-t-elle pas journellement nombre de fausses théories sur les maladies & leur cause ? On vouloit, pour pouvoir expliquer certains effets, que le sucre contînt de la chaux, quoiqu'il n'en renferme pas de vestige. Les pierres des reins & de la vessie devoient être formées de chaux, quoiqu'il en entre à peine un demi pour cent dans leurs compositions, sans parler d'un grand nombre d'autres exemples de ce genre. Où en seroit-on enfin avec toutes les espèces de secrets, de charlataneries, de friponneries, & beaucoup de semblables monstres de la Médecine, si l'analyse chimique ne leur opposoit un frein? Ce n'est point sans fondement que l'on a toujours regardé les Muses comme des sœurs : elles sont un symbole charmant de l'uniformité avec laquelle les Sciences doivent se tendre les mains ; secours sans lequel elles ne sauroient s'élever à un certain degré de perfection.

Après la santé, rien n'est plus essentiel que notre subsistance. Pour nous convaincre de l'utilité de la Chimie à cet égard, nous nous bornerons à dire un mot de l'Agriculture, cette noble & antique occupation. En consultant *Columella* & beaucoup d'anciens Auteurs qui ont écrit sur l'Economie rustique, nous trouvons, à notre honte, que, malgré les encouragemens & les récompenses donnés dans des temps plus rapprochés de nous, ils en savoient au moins autant, sinon plus que nous ; c'est que le Maître de la Nature y a pourvu avec une bonté infinie. Il a voulu que les grains vinssent avec peu de ſoins, & qu'ils n'exigeaſſent à-peu-près que des connoiſſances purement pratiques.

L'uſage & l'expérience réunis font bientôt parvenir l'art à un certain degré de perfection. Il reſte à ce point, juſqu'à ce que la connoiſſance de la Nature répande de nouvelles lumières. Il eſt très-différent de retirer du grain d'un certain champ, ou d'en recueillir autant qu'il y en peut croître. Pour y parvenir, il ne ſuffit pas toujours de labourer, de fumer & de diviſer les terres ; il faut encore deux choſes indépendantes de ces moyens mécaniques : ſavoir, un mélange, tel qu'il puiſſe non-ſeulement fournir aux plantes une nourriture convenable, mais encore retenir auſſi long-temps l'humidité que la ſéchereſſe ordinaire l'exige ; car rien ne croît ſans eau, même dans les terreins les mieux choiſis. Ainſi le meilleur mélange eſt celui qui eſt préparé d'une manière convenable à la nature du terrein, à la ſituation, au climat & à la température ordinaire, comme je l'ai indiqué ailleurs plus en détail. En attendant, l'on conviendra ſans doute que la Chimie eſt à-peu-près de la même importance à l'Agriculture & à l'Economie rurale, que l'Aſtronomie l'eſt à la Navigation.

Les Arts & Métiers embelliſſent les matières. Il en eſt qui ne ſont qu'une ſuite d'opérations chimiques; d'autres ſont plus mécaniques : mais je doute qu'il y en ait un ſeul qui ne préſente quelques problêmes dont la ſolution parfaite ne dépende de la Chimie. Quelle ſuite d'années ne s'eſt-il pas écoulée, avant que, par des expériences dues au haſard ou peu réfléchies, on ſoit parvenu à leur perfection actuelle, & avant qu'on ait appris à parer à tous les inconvéniens! Très-ſouvent la connoiſſance ſuffiſante de la matière donne, ſans de longs détours, l'inſtruction néceſſaire. C'eſt un grand malheur que, jusqu'à présent, toute la pratique des Arts ait été tenue secrète. Depuis que l'Académie Royale des Sciences a commencé à écarter cet obstacle, on peut compter essentiellement sur les progrès rapides & surprenans que l'étude de l'Histoire de la Nature ne sauroit manquer de produire. Lorsqu'on ne connoît pas les véritables causes & leur liaison, il est difficile de prévenir ou de remédier aux accidens ou aux difficultés qui naissent de la variété des circonstances. On doit voir clairement que la Chimie a un moyen qui lui est propre, de répandre un plus grand jour sur toutes les manipulations dont les corps sont susceptibles. Cependant la nature même de la chose paroît avoir mis des bornes à cette Science : les propriétés de nos sens, lors même qu'elles sont soutenues ou fortifiées par l'art, ne sauroient nous conduire au-delà d'un certain point. La finesse des instrumens n'est pas suffisante, & à la fin les meilleurs deviennent sans usage. Ces difficultés augmentent encore, en ce que ce sont précisément les particules qui échappent presque à nos sens; celles qui sont les plus subtiles, qui ont le plus de liaison entr'elles, & qui opposent le plus de résistance à leur division, qui sont les plus actives, en même temps qu'elles sont les plus énergiques. Que nos connoissances les plus profondes des secrets de la Nature doivent donc encore être imparfaites!

Tout cela est juste; & il est absurde d'imaginer pouvoir découvrir une fois les premiers moteurs dont s'est servi le Créateur pour la formation & l'entretien du monde matériel. Une pareille connoissance est trop au-dessus de nos foibles vues; elle est réservée à la puissance du Maître, & non à sa créature: mais il n'en résulte pas que les découvertes des phénomènes par le moyen de la Chimie soient à leur terme. Parvenons ſeulement à connoître parfaitement les baſes ou principes prochains des corps, leur liaiſon & leur proportion, & la Chimie deviendra ſuſceptible des plus grandes choſes.

Déjà dans des temps plus reculés, on a regardé de certaines matières comme tellement ſimples, que l'art avoit perdu l'eſpérance de parvenir à les décompoſer : on les conſidéroit comme les baſes premières (*ſtamina prima*). Tels ſont ſur-tout les quatre élémens d'Ariſtote, la terre, l'eau, l'air, le feu. Ce n'eſt que par les opérations les plus délicates de la Chimie qu'on peut parvenir à en découvrir la compoſition. Voyez ſi nous avons perdu tout eſpoir à cet égard.

On nomme communément *terre*, cette matière principe, fixe au feu, qui reſte après que le feu a exercé ſur les corps ſa vertu deſtructive, & qui ne ſe laiſſe pas diſſoudre par l'eau à la manière ordinaire : c'eſt le plus groſſier des ſoi-diſant quatre élémens ; il forme une très-petite portion dans les corps. Ce que l'analyſe a pu déterminer juſqu'à préſent avec une ſorte de certitude, eſt que cette terre, qu'on obtient à la fin de matières fort différentes, n'eſt nullement une ſeule & même terre ; qu'elle n'eſt point homogène, mais qu'elle eſt un mêlange de pluſieurs terres qui, ſuivant ſa nature, eſt plus ou moins ſalin. On trouve ces diverſes ſortes de terres à la ſurface du globe dans leur état le plus ſimple. On en connoît ſix eſpèces, dont les propriétés ſont toutes différentes, & qui, juſqu'à préſent, n'ont pu être réduites en terre plus ſimple, ni converties les unes dans les autres ; ſavoir, la terre du ſpath peſant, la chaux, la magnéſie, l'argile, la terre des cailloux ou des pierres précieuſes (*adeljord*), dont j'ai indiqué, dans une autre occaſion, les caractères diſtinctifs. Je ne ſais ſi ces terres, qu'on peut nommer *primi-*

*tives* jusqu'à nouvel ordre, sont réellement différentes entr'elles, ou si elles ne sont que des variétés les unes des autres; ce qui me paroîtroit plus naturel. Mais j'ai déjà dit combien il étoit dangereux de restreindre à nos idées l'ordre de la Nature. Il ne faut pas tirer des conclusions, avant que les données ne soient constatées par des expériences suffisantes. Peut-être la patience & une application infatigable nous ouvriront-elles une fois les yeux sur cet objet, comme sur beaucoup d'autres.

Nous savons, en attendant, que l'acide du spath fluor & l'eau réduite en vapeur se coagulent en terre vitrifiable lorsqu'ils se rencontrent, & l'acide arsenical formant avec le phlogistique de l'arsenic blanc. Nous pouvons penser que les terres, ainsi que les chaux métalliques, sont, d'après leurs matières principes, des acides qui, dans le premier cas, ont été convertis en une ſubſtance ſolide par l'eau, & dans le dernier par le phlogiſtique. Au moins eſt-il certain que la Nature abonde en divers acides, & qu'elle en fait un uſage particulier dans un nombre infini de ſes opérations.

L'eau eſt encore plus délicate & plus difficile à décompoſer. En examinant la choſe de près, on trouve que les expériences par leſquelles on avoit d'abord cru convertir l'eau en terre, ne prouvent rien. Perſonne n'ignore que la chaleur produit ſur l'eau différens changemens : les particules d'eau attirent très-fortement la matière de la chaleur; & quand elles s'en ſont enrichies à un certain point, ou qu'elles en ſont enveloppées, cette ſubſtance, ainſi combinée, devient ſi mobile, que ſa ſurface paroît toujours rechercher la ligne horizontale. Elle a beaucoup de rapport avec une terre fine en fuſion. Si l'on diminue la chaleur, ſoit que par-là les ſurfaces des particules ſoient miſes en contact & que leur frottement empêche le mouvement réciproque, soit que par la privation d'une des matières principes, il y ait une diminution suffisante dans le ressort & la force répulsive, la masse s'endurcit; il se forme de la glace. Il n'est pas encore décidé laquelle de ces deux causes agit ici. Lorsque la glace fond, il se perd une quantité de la chaleur qu'on *emploie*, qui équivaut 72 degrés de notre thermomètre, de manière qu'il en résulte une espèce de saturation, qui fait que son action est cachée par sa combinaison avec la glace.

Il en est de la chaleur comme d'un acide, qui ne peut exercer ses propriétés caractéristiques quand il est saturé par un alkali. Il en est de même de la chaux vive : elle contient de la chaleur, mais qui est sans effet, jusqu'à ce qu'une attraction élective plus forte l'en dégage. La glace, comme on vient de le dire, devient fluide par l'absorption de 72 degrés de chaleur. Ce qu'elle en acquiert au-delà eſt ſuperflu, comme on s'en apperçoit facilement, de même que lorſqu'on ajoute un acide à un ſel neutre. Au reſte, par cette ſurabondance de chaleur, l'eau ſe dilate, s'échauffe, devient plus ſubtile, plus pénétrante, plus mobile & plus légère. Quand enfin la quantité de chaleur eſt tellement augmentée qu'elle eſt de 100 degrés, tout ſe convertit en vapeurs élaſtiques. Il eſt vrai qu'il s'en forme déjà avant cette chaleur de 100 degrés; mais en quantité d'autant moindre, que la quantité de chaleur ſurpaſſe moins la ſaturation en queſtion. Au moment où ces vapeurs ſe ſéparent de la maſſe, celle-ci refroidit car toute évaporation excite, comme l'on ſait, du froid. Ce froid proviendroit-il, de ce que le volume augmenté exigeroit plus de chaleur pour ſa ſaturation, & qu'en conſéquence de cet effet il ſeroit en état de s'emparer de plus de chaleur qu'il n'en étoit susceptible auparavant ? ou bien la chaleur, qui étoit au commencement adhérente à l'eau, & qui a été poussée à un certain degré, auroit-elle été mise en état de se concentrer, de se réunir en plus grande abondance, & par conséquent d'enlever à l'eau la portion qui est le plus à sa portée ?

C'est à-peu-près ce que les expériences faites jusqu'à présent sur la composition de l'eau nous ont appris. Il en résulte clairement qu'on ne sauroit, en aucune manière, la regarder comme une substance simple.

J'ai déjà fait mention plus haut de l'Air ; j'ai démontré que ce que l'on nomme communément ainsi, n'est nullement un corps homogène : il est d'autant moins nécessaire que je m'arrête sur sa nature & sur celle du prétendu quatrième élément, que c'est-là le but de cet Ouvrage. M. Scheele, son Auteur, a déjà bien mérité, par différentes découvertes de Chimie; toutes ses recherches montrent non-seulement des réflexions profondes, mais encore une habileté particulière, & une opiniâtreté infatigable pour rechercher comme il faut la vérité, soit par l'analyse, soit par la synthèse.

La décomposition de la lumière, cette matière d'une subtilité si incompréhensible en couleur, trouvée par Newton, a frayé une route nouvelle à la découverte de beaucoup de mystères, quoique cette décomposition fût purement mécanique. M. Scheele nous montre une décomposition plus délicate, qui, non-seulement nous fait connoître la lumière, mais aussi le Feu, dont les explications satisfaisantes étoient jusqu'à présent la croix de la philosophie naturelle, *crux philosophiæ naturalis*. J'ai répété, avec quelques changemens, les expériences principales sur lesquelles sont fondées ses opinions, & je les ai trouvées parfaitement justes. Si quelques petites circonstances accessoires devoient exiger par la suite des recherches plus précises, le principal n'en est pas moins bon : il est fondé sur des expériences multipliées & concordantes. La chaleur, le Feu & la lumière sont, d'après leurs matières principes, la même chose que de l'air pur & du phlogistique: mais la proportion & peut-être la manière dont ils sont combinés, occasionnent leur grande différence. Le phlogistique paroît être une matière réellement élémentaire, qui pénètre la plupart des substances, & qui s'y maintient avec opiniâtreté. On connoît différens moyens de l'en séparer plus ou moins parfaitement. C'est l'air pur qui, de toutes les substances connues jusqu'à présent, est le plus efficace: aussi ai-je placé son signe à la tête de la colonne du phlogistique de ma nouvelle table d'affinités. Ce que cet air n'opère pas promptement, s'effectue peu-à-peu par le ſecours de circonſtances favorables.

Il n'eſt pas néceſſaire de démontrer, d'une manière plus étendue, l'importance des opérations les plus délicates de la Chimie. Pour la regarder comme une vaine ſubtilité, & ſe croire en droit de la mépriſer, il faut être en proie à beaucoup de préjugés & à la plus grande ignorance. La terre, l'eau, l'air, la chaleur, la lumière & beaucoup d'autres matières très-déliées, ſe rencontrent par-tout; & tant que leur nature ne ſera pas connue, les produits de l'Art & de la Nature ſeront enveloppés dans un voile épais. Il n'y a point de vérités oiſeuſes, *veritates otioſæ.* En Chimie, le plus petit des phénomènes, lorſque ſes cauſes ſont parfaitement approfondies, a une relation ſi intime avec d'autres phénomènes de la plus haute importance, que tout ſe tient dans l'économie naturelle.

Enfin je dois encore obſerver que cet Ouvrage, fait de main de Maître, eſt fini depuis près de deux ans, quoique, par pluſieurs motifs qu'il eſt inutile d'alléguer ici, il ne paroiſſe qu'à-préſent. Il en eſt réſulté que M. Prieſtley, ſans avoir connoiſſance du travail de M. Scheele, a décrit avant lui différentes nouvelles propriétés de l'Air: mais elles ſont retracées ici d'une autre manière & dans un ordre abſolument différent.

*Upſal*, 13 *Juillet* 1777.

T. BERGMANN.

*Naturalem cauſam quærimus,*
*Et aſſiduam non raram & fortuitam.*

SENECA.

# TRAITÉ CHIMIQUE DE L'AIR ET DU FEU.

## §. I^er.

RÉDUIRE avec habileté les corps en leurs parties constituantes, en découvrir les propriétés, les composer de diverses manières; tel est l'objet & le but principal de toute la Chimie.

La difficulté de faire ces opérations avec toute l'exactitude qu'elles exigent, ne peut être inconnue que de ceux qui ne les ont jamais entreprises, ou qui n'y ont apporté qu'une légère attention.

## §. II.

Les Naturaliſtes ne ſont point d'accord, jusqu'à préſent, ſur le nombre de ſubſtances ſimples ou de baſes dont tous les corps ſont compoſés ; c'eſt en effet un des problêmes les plus difficiles à réſoudre : pluſieurs d'entr'eux déſeſpèrent même qu'on parvienne à la découverte des élémens des corps ; triſte ſituation pour ceux qui mettent leur ſatisfaction à approfondir la Nature. On a grand tort de prétendre tracer à la Chimie des limites auſſi bornées. D'autres Phyſiciens croient que toute la Nature corporelle doit ſon origine à la terre & au phlogiſtique. Le plus grand nombre paroît entiérement dévoué aux élémens Péripathéticiens.

## §. III.

Il m'en a beaucoup coûté, je l'avoue, pour acquérir des idées nettes à cet égard. La multiplicité d'idées & de conjectures des Auteurs doit néceſſairement étonner, ſur-tout lorſqu'ils prétendent interpréter les différens phénomènes du Feu; & c'eſt ce qui m'y a tant attaché. J'entrevis que ne pouvant faire aucune expérience, ni obtenir d'effet d'aucun moyen de diſſolution ſans le Feu ou la chaleur, il étoit indiſpenſable de bien connoître ces matières.

Je commençai donc, pour parvenir à ce but, par mettre de côté toutes les explications du Feu, & je projetai un grand nombre d'expériences. J'apperçus bientôt qu'on ne ſauroit porter un jugement juſte ſur les différens phénomènes du Feu, ſans la connoiſſance de l'Air. Une ſuite d'expériences me prouva que l'Air entroit réellement dans ſa compoſition, qu'il formoit une des parties conſtituantes de la flamme & de l'étincelle. Je penſai donc qu'un Traité ſur le Feu, tel que celui-ci, ne feroit ſolide qu'autant qu'on s'occuperoit en même temps de l'Air.

## §. IV.

L'Air eſt ce fluide inviſible que nous reſpirons continuellement, qui environne la terre de toute part, qui eſt très-élaſtique, & qui eſt doué de peſanteur. Il eſt conſtamment rempli d'une quantité prodigieuſe d'émanations ſi ſubtiles, que les rayons du ſoleil les rendent à peine viſibles ; les vapeurs aqueuſes en forment toujours la plus grande partie : l'Air eſt de plus uni à un autre corps qui lui reſſemble par ſon élaſticité, mais qui en diffère par beaucoup de ſes propriétés. Le Profeſſeur Bergmann le nomme, avec raiſon, *acide aërien*. Il doit ſon exiſtence aux corps organiſés détruits par la pourriture ou la combuſtion (8).

## §. V.

Cet acide ſubtil, que l'on nomme auſſi *air fixe*, a fort occupé les Phyſiciens depuis quelques années. Il n'eſt pas ſurprenant

prenant que les conféquences que l'on déduit des propriétés de cet acide élaftique, contrarient ceux qui étoient imbus de la doctrine de Paracelfe dont ils fe rendent les défenfeurs. Ils penfent que l'Air en lui-même eft inaltérable, & avec Hales, ils le croient à la vérité fufceptible de s'unir avec d'autres corps, mais en perdant fon élafticité, qu'il recouvre lorfqu'il eft dégagé de ce corps par le Feu ou la fermentation. Ils s'apperçoivent néanmoins que l'Air obtenu de cette manière, eft doué de propriétés toutes différentes de celles de l'Air commun. Ils en concluent, fans être appuyés par l'expérience, que cet Air s'eft combiné avec des matières hétérogènes dont il faut le purifier, en le fecouant & le filtrant dans différens fluides. On adopteroit volontiers cette opinion, fi l'expérience prouvoit qu'une quantité donnée d'air pût être totalement changée en air fixe, ou en une autre efpèce d'air, par fon mêlange avec des matières hétérogènes. Jufques-là, je crois être autorifé d'adopter autant d'espèces d'Air que l'expérience m'en indique. Ainsi, si je recueille un fluide élastique, & si j'observe que la propriété qu'il a de se dilater augmente par la chaleur & diminue par le froid, en conservant néanmoins sa fluidité élastique ; si je lui trouve avec cela des propriétés différentes de celles de l'air commun, je me crois autorisé à penser que c'est-là une espèce d'air particulier (9).

Je dis qu'un pareil air doit conserver son élasticité dans le plus grand froid, parce que, sans cette condition, il faudroit admettre un nombre infini d'espèces d'air, étant très-vraisemblable qu'une chaleur excessive convertiroit tous les corps en vapeurs aëriformes.

## §. VI.

Les corps qui sont exposés à la pourriture ou à la destruction par le Feu, diminuent & absorbent une portion donnée d'air. Quelquefois il arrive qu'ils l'augmentent sensiblement, & enfin qu'ils ne l'augmentent ni ne la diminuent ; effets assurément très remarquables. Les conjectures ne sauroient rien déterminer de positif à ce sujet ; elles sont bien peu propres à satisfaire un Chimiste qui veut avoir ses preuves en main : aussi l'on sent aisément la nécessité de multiplier les expériences pour éclaircir ce secret de la Nature.

## §. VII.

*Propriétés générales de l'Air commun.*

1°. Le Feu brûle un certain temps dans une quantité donnée d'air. 2°. Si le Feu en brûlant ne fournit point de fluide aëriforme, cette quantité donnée d'air se trouve diminuée d'environ un tiers à un quart, lorsque le Feu s'y est éteint de lui-même. 3°. L'Air ne s'unit pas avec l'eau commune. 4°. Toutes les espèces d'animaux renfermés dans une quantité donnée d'air, y vivent un certain temps. 5°. Les semences, comme les pois, par exemple, renfermées avec un peu d'eau dans une quantité donnée d'air, au moyen d'une chaleur médiocre, poussent des racines & s'élèvent à une certaine hauteur.

Ainsi tout fluide aëriforme qui n'a pas ces propriétés (& s'il ne lui en manquoit même qu'une seule), n'est pas de l'air commun.

## §. VIII.

L'Air est composé de deux espèces de fluides élastiques (10).

### *Première Expérience.*

Ayant fait dissoudre une once de foie de soufre alkalin dans huit onces d'eau, je versai quatre onces de cette dissolution dans une bouteille vuide, qui pouvoit contenir vingt quatre onces d'eau : je la fermai avec un bouchon le plus exactement qu'il me fut possible ; je renversai la bouteille ; j'en posai le col dans un petit vase plein d'eau : je la laissai pendant quinze jours dans cette position. Pendant cet intervalle, la diſſolution perdit une partie de ſa couleur rouge, & il ſe précipita quelque peu de ſoufre. Ce temps révolu, je pris la bouteille; je la tins la tête plongée dans un grand baſſin d'eau & le corps au-deſſus de l'eau : je la débouchai dans cette poſition ſous l'eau, qui s'y éleva rapidement; je la fermai, la retirai de l'eau, & trouvai que le fluide qu'elle contenoit peſoit dix onces. Si l'on en déduit les quatre onces de diſſolution ſulfureuſe, il reſte ſix onces. Il s'étoit donc perdu dans quinze jours ſix parties d'air ſur vingt-quatre.

## §. IX.

### *Seconde Expérience.*

[*a*] Je répétai l'expérience précédente avec la même quantité de foie de ſoufre, avec la ſeule différence que je n'abandonnai la bouteille hermétiquement bouchée que pendant huit jours, au bout deſquels je trouvai que de vingt parties d'air, il ne s'en étoit perdu que quatre.

[*b*] Une autre fois je ne touchai à ma bouteille qu'après quatre mois : la ſolution étoit encore d'un jaune un peu foncé; mais il ne s'étoit perdu que ſix parties d'air comme dans la première expérience.

## §. X.

### *Troiſième Expérience.*

Je mêlai, avec une demi-once de la même ſolution, deux onces d'alkali cauſtique, préparé avec de l'alkali du tartre & de la chaux vive, qui, ainſi que la ſolution de foie de ſoufre, ne précipitoit pas l'eau de chaux : ce mêlange étoit jaune. Je le mis dans ma bouteille; &, après l'avoir laiſſé repoſer, hermétiquement fermée, pendant quinze jours, le mêlange étoit abſolument ſans couleur & ſans dépôt. Ayant fait une petite ouverture dans le bouchon, l'Air s'y introduiſit avec ſifflement. J'en conclus avec raiſon qu'il étoit diminué dans la bouteille.

## §. XI.

### *Quatrième Expérience.*

[*a*] Je pris quatre onces d'une ſolution de ſoufre dans l'eau de chaux; je la mis dans une bouteille que je fermai avec ſoin. Au bout de quinze jours, la couleur jaune avoit diſparu, & de vingt parties d'air, il s'en étoit perdu quatre. La ſolution ne contenoit plus de ſoufre; mais il s'en étoit précipité une poudre dont la plus grande partie étoit du gypſe. [*b*] Le foie de ſoufre volatil diminue auſſi le volume de l'Air; [*c*] mais le ſoufre & l'acide ſulfureux volatil n'y occaſionnent aucun changement.

## §. XII.

### *Cinquième Expérience.*

Je ſuſpendis des morceaux de linge trempés dans une ſolution d'alkali du tartre ſur du ſoufre brûlant. Lorſque l'alkali fut ſaturé d'acide volatil, je mis ces chiffons dans un matras que je bouchai de mon mieux avec de la veſſie mouillée. Dans trois ſemaines, la veſſie fut conſidérablement affaiſſée. Je piquai la veſſie en renverſant le matras, & en tenant ſon ouverture ſous l'eau : elle y monta rapidement, & en remplit la quatrième partie.

## §. XIII.

### *Sixième Expérience.*

J'ai recueilli dans une veſſie l'air nitreux que produit la diſſolution des métaux par l'acide nitreux ; &, après avoir bien ficelé la veſſie, je la mis dans un matras dont je fermai l'ouverture avec un morceau de veſſie mouillée. L'air nitreux perdit peu-à peu ſon élaſticité ; la veſſie s'applatit, jaunit, & fut corrodée par l'eau forte. Quinze jours étant écoulés, je piquai la veſſie qui fermoit le matras en le tenant renverſé dans l'eau, qui s'y éleva avec véhémence. Elle en remplit le tiers.

## §. XIV.

### *Septième Expérience.*

[*a*] Je mis le col d'un matras dans un vaſe d'huile de térébenthine. L'huile monta tous les jours d'une ligne dans le matras, & au bout de quinze jours, elle en occupoit la quatrième partie. Je laiſſai l'appareil dans le même état encore pendant trois ſemaines, ſans que l'huile s'élevât davantage. Cette propriété eſt commune à toutes les huiles qui ſe sèchent à l'Air, & qui s'y convertiſſent en matière réſineuſe. Mais les huiles de térébenthine & de lin s'élèvent plutôt lorſque le matras a d'abord été rincé avec un alkali cauſtique concentré. [*b*] Je verſai deux onces d'huile animale de Dippel, ſans couleur, & limpide comme de l'eau, dans une bouteille que je bouchai avec ſoin. Au bout de deux mois, l'huile étoit épaiſſie & noire. Je débouchai alors la bouteille en la tenant renverſée dans l'eau, qui en remplit le quart.

## §. XV.

### *Huitième Expérience.*

[*a*] Je fis diſſoudre deux onces de vitriol de mars dans trente-deux onces d'eau, & je précipitai cette diſſolution par un alkali cauſtique. Le précipité ferrugineux, d'un verd foncé, s'étant dépoſé, j'en décantai ce qui étoit clair, & je le mis dans la bouteille ci-deſſus (§. VIII) avec le reſte de l'eau que j'avois laiſſé ſur le précipité : je la ſcellai hermétiquement. Dans quinze jours (durant leſquels j'avois fréquemment ſecoué la bouteille), cette chaux de fer verte avoit pris la couleur du ſafran de mars ; & de quarante parties d'air, il y en eut douze de perdues. [*b*] En humectant de la limaille de fer avec un peu d'eau, & la gardant pendant quelques ſemaines dans une bouteille bien fermée, il ſe perd auſſi une partie d'air. [*c*] La diſſolution du fer dans le vinaigre produit le même effet ſur l'Air, & dans ce

cas, le fer se précipite en entier sous la forme d'un crocus jaune. [*d*] La dissolution de cuivre dans l'esprit de sel ainsi renfermé, diminue aussi l'Air. La lumière ne sauroit brûler dans aucune de ces espèces d'air dont le volume a été diminué, & l'on ne sauroit y rendre visible la plus légère étincelle.

## §. XVI.

La présence du phlogistique, cette base inflammable élémentaire, est prouvée par chacun de ces procédés. Ils nous démontrent de plus que l'Air attire fortement le principe inflammable des corps, qu'il le leur enlève, & que par le passage du phlogistique dans l'Air, il se perd une quantité d'air notable. Il est certain que le phlogistique est l'unique cause de cet effet, puisque, dans l'expérience du §. X, il ne reste plus de trace de soufre, & que l'alkali non coloré contient à peine un peu de tartre vitriolé, d'après l'examen que j'en ai fait. Le §. XI le prouve de même : mais le soufre en lui-même & l'acide sulfureux volatil n'ayant point d'action sur l'Air (§, XI, *c*), il est clair que la décomposition du foie de soufre s'opère par cette loi d'une double affinité ; que les alkalis & la chaux attirent l'acide du soufre & l'Air de son phlogistique.

Les mêmes expériences prouvent encore qu'une quantité donnée d'air ne peut s'unir, &, pour ainsi dire, se saturer qu'avec une certaine quantité de principe inflammable (§. IX, *b*).

Le phlogistique que ces corps ont perdu existe-t-il encore dans l'air qui a resté dans la bouteille ? ou l'air qui s'est dissipé s'est-il uni ou fixé avec le foie de soufre, les huiles & autres matières semblables, &c? ce sont deux questions très-importantes.

Pour répondre à la première affirmativement, il faudroit que le principe inflammable eût la propriété de priver l'Air d'une partie de son élasticité, & de le rendre susceptible d'être plus comprimé par l'air extérieur. Je pensai que s'il en étoit ainſi, un pareil air devroit être ſpécifiquement plus peſant que l'air commun, tant à cauſe du phlogiſtique qu'il renfermeroit, que par rapport à ſa plus grande denſité. Quel fut mon étonnement, en peſant très-ſcrupuleuſement un matras très-mince, rempli de cet air, de le voir tenir non-ſeulement l'équilibre avec un pareil volume d'air commun, mais être même un peu plus léger !

Je crus la dernière queſtion plus fondée. Si elle l'eût été, j'aurois dû pouvoir retirer des matières dont je m'étois ſervi, l'air qui y auroit été introduit. Aucune des expériences détaillées ci-deſſus ne me parut plus ſuſceptible de cette tentative que celle du §. X, parce que ſon réſidu eſt, comme on vient de le dire, du tartre vitriolé & de l'alkali : en conſéquence, je jetai de cet alkali cauſtique dans de l'eau de chaux, pour vérifier ſi l'air perdu avoit été converti en air fixe. Ma tentative fut inutile; il n'y eut point de précipité. J'eſſayai encore de diverſes manières de retirer l'air perdu de ce mêlange alkalin. Le résultat ayant toujours été le même, je ne détaillerai point mes expériences pour éviter la prolixité : mais je conclus de celles que j'ai rapportées, que l'Air est composé de deux fluides différens, dont l'un ne manifeste aucune affinité avec le phlogistique, tandis que l'autre, qui forme entre la troisième & quatrième partie de toute la masse de l'Air, est proprement destiné à l'attirer. C'est par des expériences ultérieures, & non par des conjectures, qu'il faut examiner ce qu'est devenue cette dernière espèce d'air, après qu'elle s'est unie au phlogistique.

## §. XVI.

Voyons maintenant comment se comporte l'Air vis-à-vis des substances inflammables en combustion. Nous commencerons par considérer les corps combustibles qui, en brûlant, n'exhalent aucun fluide aëriforme.

## §. XVII.

*Première Expérience.*

Je mis dans un matras mince, qui contenoit trente onces d'eau, neuf grains de phoſphore urineux : j'en fermai l'ouverture hermétiquement. Je chauffai avec une lumière la place du matras où étoit le phoſphore qui, en commençant à ſe fondre, s'enflamma tout de ſuite : le matras ſe remplit d'un nuage blanc qui s'attacha à ſes parois ; c'étoit l'acide concret du phoſphore ſous la forme de fleur blanche. Lorſque le matras fut refroidi, je l'ouvris en le tenant renverſé ſous l'eau. L'air extérieur força l'eau d'y entrer juſqu'à la concurrence de neuf onces.

## §. XVIII.

*Seconde Expérience.*

Ayant laiſſé dans le même matras bien bouché, pluſieurs morceaux de phoſphore pendant ſix ſemaines, ou juſqu'à ce qu'il eût cessé de luire, je trouvai qu'il s'étoit perdu un tiers d'air.

## §. XIX.

### *Troisième Expérience.*

Je mis trois cuillerées à thé de limaille de fer dans une fiole qui pouvoit contenir deux onces d'eau; j'y joignis une once d'eau, & j'y mêlai peu-à-peu une demi-once d'huile de vitriol : le mélange fermenta & s'échauffa vivement. L'écume s'étant un peu affaissée, je fermai le verre avec un bouchon qui joignoit bien, & au travers duquel j'avois fait passer un tube de verre A (*Fig.* 1re) : je mis cette fiole dans un vase d'eau chaude BB (l'eau froide mettroit quelqu'obstacle à la dissolution). J'approchai une chandelle allumée de l'ouverture du tube. L'air inflammable prit feu, & brûla avec une petite flamme d'un verd jaunâtre; je pris aussitôt un petit matras C, qui pouvoit contenir environ vingt onces d'eau, & je l'enfonçai assez dans l'eau, pour que la flamme occupât le milieu du matras. L'eau commença tout de suite à y monter; & lorsqu'elle eut atteint le point D, la flamme s'éteignit. Alors l'eau baissa, & elle fut bientôt totalement expulsée. Le matras contenoit jusqu'en D quatre onces: ainsi il s'étoit perdu la cinquième partie de l'Air. J'y fis entrer quelques onces d'eau de chaux, pour voir si durant la combustion il s'étoit produit de l'acide aërien; mais je ne trouvai rien de semblable. Je répétai la même expérience avec de la limaille de zinc, & j'obtins précisément les mêmes résultats. Je prouverai plus loin quelles sont les parties constituantes de cet air inflammable: car, quoiqu'il paroisse par ces expériences qu'il n'est que du phlogistique, il en est d'autres qui témoignent le contraire.

Considérons maintenant la manière dont l'Air se comporte avec le Feu, qui exhale, pendant sa combustion, un fluide aëriforme.

## §. XX.

### *Quatrième Expérience.*

Nous ſavons que la flamme d'une lumière abſorbe l'Air. Comme il eſt très-difficile & preſqu'impoſſible d'allumer une bougie dans un matras fermé, je commençai par l'expérience ſuivante. Je plaçai une lumière dans une jatte d'eau, & poſai un matras renverſé pardeſſus. Il s'éleva auſſi-tôt de groſſes bulles d'air à la ſurface de l'eau, qui provenoient de la dilatation de l'Air que la chaleur de la lumière produiſoit dans le matras. Lorſque la flamme devint un peu plus petite, l'eau commença à monter dans le matras; & quand elle fut éteinte, & que le matras fut refroidi, je trouvai que la quatrième partie étoit remplie d'eau. Cette expérience me parut très-peu concluante, parce que je n'étois pas aſſuré ſi cette quatrième partie d'air n'avoit pas été chaſſée par la chaleur de la flamme, l'air extérieur en contact avec l'eau, ayant nécessairement cherché à rétablir l'équilibre lorsque le matras avoit été refroidi, en forçant d'entrer dans le matras une masse d'eau égale au volume d'air qui en avoit été chassé auparavant par la chaleur. Je fis donc l'expérience suivante.

## §. XXI.

### *Cinquième Expérience.*

[*a*] Je fixai au fond de la cuve A une masse tenace, épaisse de deux doigts, composée de cire, de poix & de térébenthine, fondues ensemble. J'assurai dans le milieu un fil de fer épais qui atteignoit le milieu du matras B : au sommet C de ce fil, j'enfonçai une petite bougie, dont j'avois fait la mèche en tordant ensemble trois bouts de fil. J'allumai cette bougie, & je mis le matras renversé B pardessus, en l'enfonçant fort avant dans la masse. Dès que cela fut fait, je remplis la cuve d'eau. La flamme étant éteinte & le tout

refroidi, j'ouvris le matras sous l'eau dans la position où il étoit : il y monta deux onces d'eau. Le matras contenoit cent soixante onces d'eau : ainsi il manquoit ici autant de volume d'air que deux onces d'eau occupoient d'espace. Cet air a-t-il été absorbé par le phlogistique ? ou la chaleur de cette petite flamme l'auroit-elle chassé avant que j'eusse pu enfoncer ce matras dans la masse tenace ? Il paroît, à en juger par ce qui suit, que la dernière présomption a lieu. Je pris un petit matras qui pouvoit contenir vingt onces d'eau : j'y fis brûler une lumière comme dans le précédent ; & lorsque tout fut refroidi, j'ouvris encore le matras sous l'eau ; il s'y éleva de même presque deux onces d'eau. Or, si, dans le premier matras, il y avoit eu une diminution d'un volume d'air de deux onces, l'absorption devoit être bornée dans le dernier au volume de deux gros.

[b] Je répétai l'expérience avec le grand matras, avec la seule différence

que je ſubſtituai de l'eſprit-de-vin à la bougie. J'enfonçai trois fils de fer d'égale longueur dans la maſſe tenace fixée au fond de la cuve. Ces fils atteignoient le milieu du récipient. Je poſai ſur ces ſupports un carré de fer-blanc, ſurmonté d'un petit vaſe renfermant de l'eſprit-de-vin, que j'allumai & que je couvris du matras. J'obſervai après le refroidiſſement que la chaleur de la flamme avoit expulſé un volume d'air égal à l'eſpaçe de trois onces d'eau.

[c] Je plaçai ſur le même ſupport un petit charbon ardent, & le laiſſai éteindre de la même manière ſous le récipient. Je trouvai après le refroidiſſement que la chaleur du charbon avoit chaſſé un volume d'air de trois onces & demie.

Ces expériences paroiſſent démontrer que le paſſage du phlogiſtique dans l'Air n'en diminue pas toujours le volume, quoique cette diminution de l'Air ſoit clairement prouvée par celles qui ſont rapportées depuis le §. VIII juſqu'au

§. XVI. La suite nous apprendra que cette partie de l'Air qui se réunit au phlogistique & qui en est comme absorbée, est remplacée par l'acide aërien, produit durant la combustion.

## §. XXII.

### *Sixième Expérience.*

Je versai dans chaque matras, après que le feu des expériences précédentes (§. XXI, *a*, *b*, *c*) fut éteint, & que tout fut refroidi, six onces de lait de chaux (eau de chaux qui contient plus de chaux vive que l'eau n'en peut dissoudre) : j'appuyai ma main fortement sur l'ouverture d'un de ces matras, & le tournai plusieurs fois du haut en bas : ensuite je retirai un peu la main d'un côté pour faire un petit jour, en tenant le matras renversé dans l'eau qui s'y introduisit promptement. J'en refermai bien l'ouverture avec la main; je le secouai quelquefois dans tous les sens à l'air, &

l'ouvris de nouveau sous l'eau. Je répétai cette manœuvre, jusqu'à ce que l'eau ne montât plus dans le matras, ou qu'il ne contînt plus d'acide aërien. Il étoit entré sept à huit onces d'eau dans chacun de ces matras : conséquemment il s'étoit perdu la dix-neuvième partie d'air. C'est bien quelque chose : mais, comme dans la combustion du phosphore (§. XVII) il y a eu près d'un tiers d'air de perdu, il faut qu'il y ait une raison qui fait qu'il ne s'en absorbe pas autant ici. Nous savons qu'une partie d'acide aërien, mêlée avec dix parties d'air commun, éteint le Feu, & que de plus, nos expériences font naître des vapeurs aqueuses par la destruction des corps huileux dont on s'est servi. Ces vapeurs, dilatées par la chaleur de la flamme, se fixent autour d'elle. Ces deux fluides élastiques, qui se dégagent de la flamme, mettent certainement obstacle à ce que le Feu brûle plus longtemps, d'autant plus que dans nos matras il n'y a point de courant d'air qui puisse les écarter de la flamme. Lorsque l'Air de nos matras a été ainsi purgé d'acide aërien par le lait de chaux, une chandelle y brûle derechef, mais à la vérité pendant très-peu de temps.

## §. XXIII.

*Septième Expérience.*

Je plaçai sur mon support (§. XXI, XVIII) un petit creuset rempli de soufre que j'allumai, & je mis le matras par-dessus. Le soufre étant éteint & le tout étant refroidi, je trouvai que la chaleur de la flamme avoit fait sortir du matras deux parties d'air sur cent soixante. Je versai six onces d'eau de chaux claire dans le matras, & je le secouai comme dans l'expérience précédente. Je vis que la sixième partie de la totalité de l'Air s'étoit perdue pendant la combustion. Cependant l'eau de chaux ne fut pas précipitée: ce qui prouve que si le soufre n'exhale pas d'air fixe en brûlant, il en émane une

autre

autre substance qui a quelque rapport avec l'Air. Cette substance est l'acide sulfureux volatil qui s'empare de l'espace abandonné par l'Air au moment de sa combinaison avec le phlogistique. Il est remarquable que le phlogistique diminue si considérablement le volume de l'Air, toutes les fois qu'il se combine avec lui, soit qu'on le sépare des corps par la combustion, soit qu'on emploie tout autre moyen pour l'en dégager.

*EXPÉRIENCES qui prouvent que les deux espèces de fluide élastique qui composent l'air commun, peuvent être réunis, après qu'ils ont été séparés par le phlogistique (11).*

## §. XXIV.

J'ai observé (§. XVI.) que je n'ai pas pu retrouver l'Air perdu. On pourroit me dire à la vérité que l'Air perdu s'est caché dans cette partie de l'Air qui ne peut s'unir au phlogistique; car ce résidu étant plus léger que l'air commun, il pourroit devoir cette légéreté au phlogistique combiné avec l'Air perdu, comme d'autres expériences l'ont déjà fait penser : mais le phlogistique étant une matière, & la matière présupposant toujours une pesanteur, je doute que cette hypothèse soit fondée. Au reste, sans entrer dans de plus grands détails, je vais démontrer que la combinaison de l'Air avec le phlogistique est un composé si subtil, qu'il est susceptible de pénétrer les pores imperceptibles du verre, & de se disperser en tout sens dans l'Air.

## §. XXV.

Combien de fois les Chimistes n'ont-ils pas distillé l'esprit de nitre avec de l'huile de vitriol & du salpêtre ? Il est impossible qu'ils ne se soient pas apperçus que cet acide passe rouge au commencement, blanc & sans couleur vers le milieu de la distillation, & qu'à la fin il redevient rouge, & même d'un rouge si foncé, qu'on ne peut plus voir au travers du récipient. Il est bon d'observer qu'en laissant trop gagner la chaleur à la fin de la distillation, tout le mêlange se boursoufle d'une telle manière, qu'il passe en entier dans le récipient ; & ce qu'il faut sur-tout remarquer, c'est qu'il en sort pendant ce gonflement une espèce d'Air qui mérite la plus grande attention. Si l'on se sert d'huile de vitriol bien noire, non-seulement l'acide nitreux qui passe au commencement est d'un rouge beaucoup plus foncé que lorsque cette huile est blanche : mais si vous portez dans le récipient une lumière lorsqu'il a passé environ une once d'acide, elle s'y éteint aussi-tôt ; tandis que si vous mettez votre lumière vers la fin de la distillation, & lorsque le mêlange écume fortement dans les vapeurs d'un rouge sanguin qui remplissent le récipient, nou-seulement la lumière continuera à brûler, mais la flamme sera bien plus claire que dans l'air commun. Il en sera de même si, vers la fin de la distillation, on lutte à la cornue un récipient rempli d'un air dans lequel le Feu ne sauroit brûler : une demi-heure après, une lumière brûlera dans l'Air qu'il contiendra.

Les vapeurs de l'acide nitreux sont-elles naturellement rouges ? Qu'il me soit permis d'élever cette question, parce qu'il est des gens qui indiquent la rougeur de cet acide comme une de ses marques distinctives. Les couleurs de l'acide nitreux sont accidentelles. Si l'on distille quelques onces d'acide nitreux fumant à un feu très-doux, la couleur jaune s'en sépare, passe dans le récipient, & le résidu qui est dans la cornue est blanc & sans couleur comme l'eau. Cet acide a néanmoins toutes les propriétés principales de l'acide nitreux : il ne lui manque que la couleur jaune, & c'est ce que je nomme l'acide nitreux pur. Dès qu'il touche une substance inflammable, il rougit plus ou moins. Cet acide rouge est plus volatil que l'acide pur. De-là vient que la simple chaleur peut les séparer l'un de l'autre ; & c'est pourquoi il faut que, dans la distillation de l'esprit de nitre de Glauber, l'esprit volatil passe le premier, & après lui l'acide non coloré : mais pourquoi cet acide reparoît-il sous la couleur sanguine à la fin de la distillation ? D'où vient cet acide rouge ne passe-t-il pas aussi dès le commencement de l'opération ? D'où prend-il son phlogistique ? c'est-là le nœud.

## §. XXVI.

J'ai dit dans le §. précédent que la lumière s'éteignoit dans le récipient au commencement de la distillation ; on en trouve la raison dans l'expérience rapportée au §. XIII. L'acide nitreux qui passe en vapeurs s'empare du phlogistique, dont la présence est prouvée par la couleur noire de l'huile de vitriol. Dès que cela est fait, il rencontre de l'Air qui enlève à son tour le principe inflammable à cet acide phlogistiqué : par-là il se perd une portion de l'Air contenu dans le récipient ; c'est pourquoi le Feu qu'on y plonge s'y éteint (§. XV).

## §. XXVII.

L'acide nitreux eſt ſuſceptible de ſe charger du phlogiſtique en différentes proportions : chacune de ces proportions lui donne d'autres propriétés [a]. S'il en eſt entièrement ſaturé, il ſe produit un véritable Feu qui le détruit totalement [b]. S'il s'y trouve en moindre proportion, l'acide eſt converti en une ſorte d'air qui refuſe de s'unir aux alkalis & aux terres abſorbantes, & qui ne ſe mêle avec l'eau qu'en très-petite quantité. Si cet acide nitreux aëriforme vient en contact avec l'Air, celui-ci enlève ſon phlogiſtique: il perd ſon élaſticité (§. XIII). Les vapeurs rougiſſent, & l'Air ſubit le changement auſſi naturel que remarquable, que non-ſeulement il diminue, mais encore qu'il s'échauffe [c]. Si l'acide nitreux eſt uni avec encore moins de phlogiſtique, il eſt de même converti en une forte d'air invisible comme l'Air, mais qui s'unit avec les alkalis & quelques sortes de terres, & qui produit par cette union de vrais sels neutres. Mais cet acide phlogistiqué est si foiblement combiné avec ces matières absorbantes, qu'il peut en être chassé par de simples acides végétaux. C'est de cette manière qu'il est uni au salpêtre rougi au Feu & au nitre antimonial. Si l'acide nitreux dans cet état rencontre de l'Air, il perd de même son élasticité, il se convertit en vapeurs rouges; & si on en mêle une certaine quantité avec de l'eau, celle-ci devient bleue, verte ou jaune [*d*]. Lorsque l'acide nitreux pur n'est uni qu'à très-peu de phlogistique, les vapeurs acquièrent simplement de la rougeur. Il lui manque le pouvoir de se dilater; cependant il est plus volatil que l'acide pur. L'acide nitreux retient cette petite quantité de phlogistique si fortement, que l'Air même, cette substance qui a tant d'affinité avec lui, ne sauroit l'en séparer.

## §. XXVIII.

Ces principes établis, voyons s'il ne seroit pas possible d'expliquer le phénomène dont il a été fait mention au §. XXV; savoir, que le Feu brûle d'une flamme si vive dans le récipient à la fin de la distillation : & l'Air, sur-tout cette partie de l'Air au moyen de laquelle le Feu brûle, qui (d'après les expériences précédentes) ne forme que la troisième partie de l'air commun, ne seroit-elle pas parvenue dans le récipient au moyen de la distillation? Ne faut-il pas que cette espèce d'air, qui, lors de sa combinaison avec le phlogistique, échappe entièrement aux sens, reparoisse quand cette combinaison rencontre un corps qui a plus d'affinité qu'elle avec le phlogistique ? Pourroit-on raisonnablement hésiter de croire que c'est positivement ce qui arrive dans la distillation de l'esprit de nitre fumant ? N'ai-je pas dit dans le §. précédent, *lettre d*, & les expériences journalières ne le démontrentelles pas, qu'il n'eſt pas facile de ſéparer le plus ou moins de rougeur de l'acide nitreux, quelle que ſoit la force avec laquelle l'Air attire le phlogiſtique ſurabondant de cet acide. Cette attraction produit de la chaleur (*voyez* §. XXVII, *lettre b*); ce qui me donne lieu de ſoupçonner qu'il naît de la chaleur de chaque combinaiſon du phlogiſtique avec l'Air, & par conſéquent, que la chaleur eſt compoſée de cette eſpèce d'air qui forme la troiſième partie de l'air commun (§. XVI.) & du principe inflammable. C'eſt cette chaleur qui, dans la diſtillation de l'acide nitreux concentré, eſt décompoſée & réduite en ſes parties conſtituantes. Elle doit ſa préſence au Feu avec lequel on entretient la diſtillation. Elle ſe forme d'abord de l'Air, ſans lequel aucun Feu ne ſauroit exiſter, & du phlogiſtique des charbons : elle pénètre la capſule, le ſable & la cornue, où elle rencontre une ſubſtance qui attire plus fortement le phlogiſtique, que l'Air avec lequel il eſt combiné : ainsi la chaleur est décomposée ; & par cette décomposition, l'acide nitreux acquiert une rougeur foncée ; l'Air qui s'y trouvoit divisé d'une manière incompréhensible, reprend ses propriétés. L'acide nitreux, que la chaleur a rendu plus élastique, entraîne cet air dans le récipient, où elle peut attirer de nouveau le phlogistique ; & comme cette espèce d'air se trouve en plus grande proportion dans le récipient que dans l'air commun, il n'est pas surprenant que la flamme y brûle plus vivement. Cette opinion me semble d'abord aussi extraordinaire qu'elle pourra paroître étrange à mes Lecteurs. Etant convaincu qu'elle n'est pas une simple hypothèse, mais une des vérités les plus constantes, je chercherai à la démontrer par de nouvelles expériences.

## §. XXIX.

Je pris une cornue de verre qui pouvoit contenir huit onces d'eau ; je distillai l'esprit de nitre fumant selon la méthode ordinaire. Cet acide paſſa rouge au commencement, enſuite ſans couleur, & ſur la fin il redevint rouge. Dès que j'apperçus que cette couleur reparoiſſoit, je détachai le récipient ; j'y ſubſtituai une veſſie vuidée d'air, dans laquelle j'avois verſé un peu de lait de chaux épais, pour éviter que la veſſie ne fût corrodée : je continuai alors la diſtillation. La veſſie ſe dilata peu-à-peu ; enſuite je laiſſai refroidir le tout : je fermai la veſſie avec une ficelle, & la détachai du col de la cornue. Je remplis, de l'Air renfermé dans la veſſie, un verre qui contenoit dix onces d'eau (§. XXX, *lettre e*) : j'y plaçai une petite lumière qui brûla auſſi-tôt d'une grande flamme & d'une vivacité éblouiſſante : je mêlai une partie de cet air avec trois parties d'air dans lequel le Feu ne brûloit plus, & j'obtins un Air abſolument ſemblable à l'air commun. Cet Air étant indiſpenſable à la naiſſance du Feu, & formant environ le tiers de l'air commun, je le nommerai par la ſuite, pour abréger, l'*Air du Feu*, & je donnerai le nom d'*Air corrompu* qui lui a déjà été attribué, à celui qui n'eſt d'aucune utilité à la combuſtion, & qui forme environ les deux tiers de l'air commun.

## §. XXX (12).

Comme l'on pourroit me demander de quelle manière je tranſvaſe l'Air, je me crois obligé de la décrire. Mes appareils & mes vaſes ſont les plus ſimples poſſibles : ce ſont des matras, des cornues, des bouteilles de verre & des veſſies de bœuf. Lorſque les veſſies ſont encore fraîches, on les frotte & on y ſouffle de l'Air, de manière qu'elles ſoient très-étendues : on les ficelle bien, & on les ſuſpend pour les faire ſécher. Si elles reſtent bien tendues, je ſuis aſſuré qu'elles ſont propres à l'uſage auquel je les deſtine [*a*]. Quand je veux recueillir dans une veſſie une eſpèce d'Air, comme, par exemple, l'acide nitreux phlogiſtiqué, je prends une veſſie ſouple, enduite intérieurement de quelques gouttes d'huile ; j'y mets un peu de limaille de fer, d'étaim ou de zinc : j'exprime, aussi exactement qu'il m'est possible, l'Air de la vessie, & je l'attache de mon mieux sur une petite fiole qui renferme un peu d'eau-forte ; ensuite je détors un peu la vessie, pour qu'il n'en tombe que peu de limaille à-la-fois dans le verre : la vessie se dilate à mesure que la limaille se dissout. Quand j'ai dans ma vessie la quantité desirée de cet Air, je la ficelle fortement près de l'ouverture de la fiole, & je la détache [*b*]. Si cet acide nitreux phlogistiqué est mêlé avec de l'acide aërien, ce qui arrive lorsqu'on distille l'acide du salpêtre sur le sucre, j'attache à l'extrémité du col de la cornue A (*Fig.* 3) une vessie ramollie dans l'eau, en observant de racler un peu le col de la cornue avec une pierre à fusil pour interdire tout passage à l'Air (les cornues que j'emploie contiennent depuis une demi-once jusqu'à trois onces d'eau & pas au-delà ; mais leur col a une aune de long (13). Pour que la vessie qu'on y attache ne soit pas gâtée durant l'opération par la chaleur du fourneau & des vapeurs, je verse un peu de lait de chaux dans la vessie, & j'en exprime l'Air autant qu'il m'est possible. Cette chaux absorbe l'acide aërien pendant la distillation, & l'acide nitreux phlogistiqué reste intact [c]. La méthode décrite ci-dessus, *lettre a*, me sert aussi à recueillir l'acide aërien & l'air inflammable du soufre dont je parlerai plus bas. Ces deux espèces d'Air passent, en quelques jours, au travers de la vessie lorsqu'elle est humide; il suffit même que l'Air qui l'environne le soit. Cela n'a pas lieu, si les vessies & l'Air sont secs. J'obtiens de même l'air inflammable des métaux, comme du fer, du zinc, &c, avec la seule différence que je mets la cornue dans du sable chaud. Cet Air est encore plus subtil que les précédens : dans quelques jours il pénètre les pores très-fins de la vessie, quoiqu'elle & l'Air soient secs. J'en ai fait l'expérience très-souvent à mon grand déplaisir [*d*]. Il m'arrive fréquemment de recueillir l'Air dans des vessies sans me servir de fiole : je mets dans une vessie ramollie AA (*Fig.* 4) les matières desquelles je me propose d'obtenir l'Air, de la craie, par exemple ; je ficelle la vessie avec un fil BB au-dessus de la craie. Je verse pardessus un acide délayé dans l'eau, & j'exprime l'Air de la vessie le mieux possible ; enfin je la ferme en haut en CC ; j'ouvre le fil B : l'acide coule sur la craie ; il en dégage l'acide aërien, de manière que la vessie se dilate [*e*]. Si je desire transvaser un Air d'une vessie dans un matras, dans un verre, dans une cornue ou dans une bouteille, je remplis ce vaisseau d'eau, & j'y mets un bouchon qui ferme bien ; j'attache bien fort l'ouverture de C en D (*Fig.* 4) de la bouteille, que je retourne de manière que la vessie se trouve en bas & la bouteille en haut. Je prends alors la bouteille de la main gauche, & je retire de la main droite le bouchon que je tiens ferme entre mes doigts, jusqu'à ce que l'eau de la bouteille ait coulé dans la vessie, & que l'Air de celle-ci soit monté dans la bouteille ; ensuite je remets le bouchon & je détache la vessie de la bouteille. Lorsque je veux conserver cet Air long-temps, je mets le col de la bouteille dans un vase d'eau. Si la vessie renferme de l'acide aërien, ou un autre Air susceptible de se combiner avec l'eau, & que je veuille faire cette combinaison bien pure, je remplis une bouteille d'eau froide ; & lorsque la vessie y est adaptée, j'y laisse entrer environ le quart de l'eau, & je remets sur la bouteille le bouchon que j'avois tenu ferme dans la vessie : alors je remue doucement la bouteille, & l'Air est absorbé par l'eau ; après quoi, j'entr'ouvre un peu le bouchon, de manière que l'air de la vessie puisse monter dans la bouteille pour remplir le vuide qui y a été produit, sans qu'il coule de l'eau dans la vessie. Je remets le bouchon sur la bouteille, & je secoue l'eau qu'elle renferme. Je répète cette manœuvre encore deux ou trois fois; après quoi, l'eau se trouve saturée de cet air.

Si je veux mêler dans un matras ou une fiole deux sortes d'Air, je commence par faire couler dans la vessie autant d'eau de la fiole qui en est remplie que je veux avoir d'air, suivant la proportion que je desire; j'attache ensuite la fiole au-dessus d'une vessie remplie de l'autre Air : j'y laisse couler l'eau restante; & dès que la dernière eau en est sortie, je mets le bouchon sur la fiole. Si je veux transvaser dans une vessie l'Air que j'ai recueilli dans une bouteille, je renverse la manœuvre: je remplis la vessie d'autant d'eau que je veux y avoir d'air; je la ficelle par le haut; je l'attache ensuite au goulot de la bouteille : j'ouvre la ficelle; je tire le bouchon de la bouteille; j'y laisse couler l'eau de la vessie : je reficelle la vessie contenant l'Air qui étoit dans la bouteille dont je la détache. [a[ Lorsque j'ai deux airs mêlés dans la même bouteille; que l'un des deux peut être absorbé par l'eau ou la chaux, & que je veux savoir combien il y en a de chaque espèce, j'attache sur ma bouteille une vessie qui renferme autant de crême de chaux qu'il en faut pour remplir la bouteille, que je débouche pour y laisser couler l'eau ou le lait de chaux; ensuite je retourne la bouteille; je verse l'eau ou le lait de chaux dans la vessie, & je répète plusieurs fois cette transvasion alternative : enfin la quantité de lait de chaux qui reste dans la bouteille, m'indique le volume d'air qu'elle a absorbé.

Telles sont les méthodes dont je me suis servi pour mes expériences sur les différens airs; elles ne conviendront pas parfaitement à tout le monde, parce qu'elles ne donnent pas des résultats très-exacts : mais ils m'ont satisfait dans toutes mes recherches.

*CONTINUATION de l'Expérience rapportée au §. XXVIII, avec des preuves que la chaleur est composée du phlogistique & de l'Air du Feu.*

## §. XXXI.

On pourroit dire que l'Air obtenu dans l'expérience du §. XXVIII, n'est que l'acide nitreux sec, converti en vapeurs élastiques : mais, si cette opinion étoit fondée, cet air devroit non-seulement être corrosif, mais il faudroit encore qu'il formât du salpêtre avec les alkalis; ce qui n'arrive point. Cependant cette objection conserveroit un certain poids, s'il m'étoit impossible de démontrer que plusieurs corps fournissent, pendant la distillation, le même air que l'acide nitreux; mais les preuves ne me manquent pas.

J'ai fait voir, dans un Traité de la mangansèse, inséré dans les volumes de l'Académie Royale des Sciences de Stockholm, année 1771, que ce minéral n'etoit diſſoluble dans aucun acide, à moins qu'on n'y ajoutât une matière inflammable qui communiquât ſon phlogiſtique à la manganèſe, & pût lui procurer le moyen de s'introduire dans les acides. J'ai montré, dans le même Traité, que l'acide vitriolique ſe combinoit dans une forte diſtillation avec de la manganèſe réduite en poudre, qui la rendoit diſſoluble à l'eau, & que, lorſqu'on ſéparoit cette manganèſe de l'acide vitriolique par le ſecours de précipitans, elle donnoit les marques les moins douteuſes de la préſence du phlogiſtique. Je conclus dès-lors de cet apperçu, que la chaleur renfermoit un phlogiſtique; & cette conjecture s'eſt réaliſée. Ayant dit que l'acide nitreux décompoſe ſa chaleur, parce qu'il a avec le phlogiſtique une plus grande affinité que l'Air du Feu, & ayant obſervé qu'une des propriétés de la manganèſe eſt d'attirer encore plus fortement le phlogiſtique que l'acide nitreux, je n'héſiterai pas d'avancer que la manganèſe décompoſe la chaleur par le même principe que l'acide nitreux. Je puis d'autant moins en douter, que j'ai observé, il y a déjà plusieurs années, que lorsque le courant d'air porte de la poussière de charbon à la surface d'un mélange de manganèse & d'acide vitriolique qu'on calcine dans un creuset ouvert, ce charbon subtil s'enflamme dans le même moment avec beaucoup d'éclat. En conséquence, j'ai fait les expériences suivantes.

## §. XXXII.

### *Première Expérience.*

Je mêlai avec de la poudre de manganèse fine, autant d'huile de vitriol concentrée qu'il en fallut pour en faire une bouillie épaisse : je distillai ce mêlange à feu nud, dans une petite cornue; j'y adaptai une vessie vuidée d'air au lieu de récipient, dans laquelle j'avois versé un peu de lait de chaux (§. XXX, *lettre b*), pour que les vapeurs qui s'élèveroient ne l'attaquassent pas. Dès que le fond de la cornue rougit, il passa de l'Air qui dilata peu-à-peu la vessie. Cet air avoit toutes les propriétés de l'Air du Feu pur.

## §. XXXIII.

### *Seconde Expérience.*

J'obtins le même air en distillant, comme dans le §. précédent, deux parties de mangenèse réduite en poudre fine, avec une partie d'acide phosphorique de l'urine.

## §. XXXIV.

### *Troisième Expérience.*

[*a*] Je fis dissoudre de la magnésie blanche dont on se sert communément en Médecine dans de l'eau-forte, & fis évaporer cette solution à siccité : je mis le sel qui en provint à distiller dans une petite cornue, comme au §. XXXII. L'acide nitreux se sépara de la magnésie en vapeurs rouges sanguines, même avant que la cornue fût rouge ; & dans le même instant la vessie se dilata. L'Air que j'en obtins étoit mon Air du Feu.

C'est ainsi que l'on voit journellement l'acide nitreux se séparer des métaux sous cette couleur, lorsqu'on leur fait quitter ce menstrue par la chaleur.

[b] Je distillai de la même manière du nitre mercuriel, jusqu'à ce que l'acide nitreux se fût séparé du précipité rouge, & j'obtins aussi l'Air du Feu. Le nitre est par lui-même en état de décomposer la chaleur. D'où vient le bouillonnement du nitre en fusion, obscurément rougi dans un creuset? On n'apperçoit ni fumée ni vapeurs s'en élever, & cependant la poussière de charbon qui vole sur le creuset découvert s'enflamme & jette une lumière si brillante. D'où vient que ce salpêtre, tenu ainsi pendant une demi-heure rouge & en fusion dans une cornue de verre, s'humecte & tombe en déliquescence à l'Air libre lorsqu'il est refroidi, sans cependant que l'on y découvre de vestiges d'alkali (§. XXVII, *lettre c*)? D'où vient enfin que ce salpêtre en déliquescence laisse si facilement échapper son acide

volatil, lorſqu'on le frotte ou qu'on le mêle avec des acides végétaux? Je n'eus plus de peine à réſoudre ces queſtions, lorſque j'appris à connoître les parties intégrantes de la chaleur. Combien ne ſerions-nous pas avancés, ſi les Chimiſtes du dernier ſiècle avoient jugé dignes d'un examen particulier les fluides élaſtiques & aëriformes qui ſe manifeſtent dans tant d'opérations? Ils vouloient tout voir corporellement & tout recueillir par gouttes dans un récipient. On eſt plus inſtruit actuellement ſur cet objet, & l'on a commencé à examiner l'Air. Pourroit-on n'en pas entrevoir l'utilité? L'expérience ſuivante prouvera que le nitre par lui-même peut décompoſer la chaleur.

## §. XXXV.

### *Quatrième Expérience.*

Je mis dans une cornue de verre une once de ſalpêtre purifié pour le diſtiller, & je me ſervis d'une veſſie humectée & vuidée

vuidée d'air au lieu de récipient (*Fig.* 3). Dès que le nitre commença à rougir, il entra en ébullition, & dans le même instant la vessie fut dilatée par l'Air qui y passoit. Je continuai la distillation, jusqu'à ce que l'ébullition cessât, & que le nitre fût sur le point de pénétrer la cornue ramollie. J'obtins dans la vessie l'Air du Feu pur: il occupoit l'espace de cinquante onces d'eau. C'est la meilleure méthode & la moins dispendieuse de se procurer cette espèce d'air.

## §. XXXVI.

L'expérience précédente pourroit faire naître le doute suivant. Si l'acide nitreux attire plus fortement le phlogistique que l'Air du Feu, pourquoi le nitre cesse-t-il à la fin de bouillir, & pourquoi ne s'empare-t-il pas du principe inflammable en assez grande abondance pour s'alkaliser? Mais qu'on relise pour toute réponse ce qui a été dit au §. XXVII, *lettre d.* Quelle autre substance que la chaleur pénétreroit ici la cornue ? Penseroit on que la lumière y jouât un rôle ? La distillation de l'esprit de nitre fumant prouveroit le contraire, ainsi que l'expérience du §. XXXIV, *a*. Dans ces expériences, notre air du Feu est produit, quoique les matières & les cornues ne rougissent pas.

Voyons maintenant s'il n'existe pas d'autres corps en état de décomposer la chaleur. Ces observations nous conduisent aux phénomènes que nous offrent au Feu les chaux des métaux parfaits.

## §. XXXVII.

Il est tellement décidé que l'acide du salpêtre & l'acide marin déphlogistiqué privent les métaux parfaits du principe inflammable auquel ils sont redevables de leur brillant métallique, que je crois superflu d'en alléguer les preuves. La quantité de bulles d'air qui se forment dans l'acide nitreux à la surface de l'or, de l'argent, du mercure, & qui crèvent sous une couleur jaune dès que l'Air les touche (§. XXVII.), ſont des preuves palpables de cette vérité. Néanmoins, comme l'on a remarqué que ces chaux métalliques, ſéparées de leur menſtrue, ſe réduiſoient par la ſimple chaleur, ſans addition de phlogiſtique, on en a conclu que les menſtrues les plus forts étoient incapables de dépouiller les métaux parfaits de leur principe inflammable. D'autres au contraire, convaincus de la calcination de ces métaux par les acides, ont penſé que le peu de phlogiſtique qui leur manque, ſe ſéparoit des charbons, pénétroit le creuſet, & s'incorporoit avec ces chaux; opinion qui s'approche aſſez de la réalité : mais il faut ſavoir que le phlogiſtique ne ſe ſépare d'aucun corps, à moins qu'il ne ſoit immédiatement en contact avec celui qui l'attire plus fortement. Or, le phlogiſtique des charbons n'ayant aucune action ſur le creuſet, il ne peut toucher immédiatement la chaux métallique, & cependant la réduction ſe fait bien. Il faut donc qu'il y ait une autre matière capable de rendre aux chaux métalliques le principe inflammable dont elles sont privées. En ne considérant la chaleur que comme une substance simple, on ne sauroit lui attribuer cette réduction : car si cela étoit, il faudroit aussi qu'elle opérât celle des chaux des métaux imparfaits. Mais, en réfléchissant aux parties constituantes de la chaleur, on ne doutera certainement pas que par son phlogistique elle ne puisse produire ce changement dans les chaux métalliques. Si cela est constant, il est aussi certain qu'il doit se dégager de l'Air du Feu pendant cette réduction, & cela par les principes contenus dans les §. précédens.

## §. XXXVIII.

### *Cinquième Expérience.*

Je pris une solution d'argent dans l'acide nitreux ; je la précipitai par l'alkali du tartre ; je lavai & séchai le précipité ; je mis cette chaux d'argent dans une cornue pour la réduire à feu nud : j'attachai au col de la cornue une vessie vuide ; aussitôt la vessie fut dilatée par l'Air qui se dégageoit. La distillation étant achevée, je trouvai dans la cornue la chaux d'argent à demi fondue, & ayant le brillant métallique. M'étant procuré ce précipité par l'alkali du tartre qui est toujours uni à beaucoup d'acide aërien, & cet acide s'attachant à la chaux d'argent pendant qu'elle le précipite, il falloit que cet acide fût aussi dans la vessie. Je l'en retirai avec du lait de chaux (§. XXX, *lettre i*) : il me resta la moitié de l'Air, qui étoit de l'Air du Feu pur.

## §. XXXIX.

### *Sixième Expérience.*

Je précipitai avec l'alkali du tartre une solution d'or dans l'eau régale, & je réduisis comme ci-dessus la chaux d'or, après l'avoir édulcorée & séchée. J'obtins le même air du Feu, mais point d'acide aërien; ce qui n'eſt pas ſurprenant, la ſolution d'or ſaturée faiſant effervefcence avec l'alkali, & la ſolution d'argent n'en faiſant point.

## §. X L.

### *Septième Expérience.*

Nous ſavons que le précipité rouge du mercure reprend ſa forme fluide ſans addition de phlogiſtique : mais le mercure étant réellement privé de ſon principe inflammable par les acides vitriolique & nitreux, il faut néceſſairement qu'il l'ait recouvré, dès que ſa propriété métallique lui eſt rendue.

[*a*] Je verſai goutte à goutte une ſolution d'alkali du tartre dans une ſolution de ſublimé corroſif : je lavai & ſéchai le précipité rouge brun que j'en obtins; je le mis dans une petite cornue, revêtue d'une veſſie vuidée d'air, pour en faire la réduction à feu nud. Dès que la chaux commença à rougir, la veſſie fut dilatée, & le mercure s'éleva dans le col de la

cornue. L'Air du Feu que j'obtins contenoit un peu d'acide aërien. [b] Le mercure, converti en chaux par l'acide nitreux ou le précipité rouge, donna, avec le même procédé, le même résultat : mais l'Air du Feu étoit pur, sans mêlange d'acide aërien.

## §. X L I.

### *Huitième Expérience.*

J'ai démontré, dans un Traité sur l'arsenic que j'ai communiqué à l'Académie Royale des Sciences de Suède, que cette substance vénéneuse est composée d'un acide qui lui est propre & du phlogistique : j'ai fait voir dans le même Traité que cet acide pouvoit être entièrement sublimé en arsenic par une simple chaleur soutenue. Quoique j'en entrevisse dès-lors clairement la raison, je ne voulus pas la dire, pour éviter d'être prolixe. Je mis un peu de cet acide arsenical fixe dans une petite cornue, revêtue d'une vessie, pour en faire la distillation. Lorsque l'acide fut en fusion, & qu'il rougit à blanc, il entra en ébullition, pendant laquelle il monta de l'arsenic dans le col de la cornue, & la vessie fut dilatée. Je poussai la chaleur aussi long-temps que la cornue la soutint. L'Air que j'obtins étoit l'Air du Feu. J'ai de plus fait mention dans ce Traité d'une explosion particulière qui a eu lieu pendant la distillation du zinc avec l'acide arsenical. L'explication de ce phénomène est bien simple, lorsqu'on est convaincu que dans ce cas l'Air du Feu se trouve dans la cornue dans le plus grand état de pureté, tandis que le zinc est bien rouge. Que faut-il de plus pour son inflammation ?

J'ai très-souvent pris grand plaisir à considérer les étincelles d'un brillant éclatant, produites par la chaleur seule, dans une cornue, en réduisant des chaux métalliques auxquelles on ne mêle que très-peu de poussière de charbon.

Voyons maintenant si cet air du Feu n'est pas le même air qui, dans les §. VIII,

XV, s'est perdu sans Feu, & dans les §. XVII, XXIII, avec le Feu.

## §. XLII.

### *Première Expérience.*

Je remplis d'air du Feu (selon la méthode décrite au §. XXX, *lettre e*) une fiole qui pouvoit contenir seize onces d'eau : je la renversai dans un verre à confiture, plein d'une solution de foie de soufre. La solution monta toutes les heures un peu dans la fiole, & dans deux jours elle la remplit entièrement.

## §. XLIII.

### *Seconde Expérience.*

Je mêlai dans une bouteille quatorze parties de l'air dont l'Air du Feu avoit été séparé par le foie de soufre (§. VIII), & que j'ai nommé (§. XXIX) *air corrompu*, avec quatre parties d'air du Feu : je laissai la bouteille ouverte, & la renversai dans un vase qui étoit aussi rempli d'une solution de foie de soufre. Quinze jours étant révolus, les quatre parties d'Air du Feu furent perdues, & la solution les avoit remplacées dans la bouteille.

## §. XLIV.

### *Troisième Expérience.*

Après avoir rempli une fiole d'air du Feu, j'y versai un peu d'huile animale non colorée; je la bouchai hermétiquement. Au bout de quelques heures, l'huile étoit déjà brunie, & le lendemain elle fut noire. Il est fort difficile de conserver à cette huile la couleur blanche dans les pharmacies : on est forcé de la verser dans de petits bocaux, & de la garantir avec le plus grand soin de l'Air. Si l'on mêle cette huile non colorée avec quelqu'acide, lors même qu'il est étendu dans l'eau, l'huile, ainsi que les acides, noircissent au bout d'une heure : le vinaigre même produit cet effet. L'unique cause de ce que cette huile noircit ſi promptement à l'Air, eſt que l'Air du Feu, contenu dans l'Air, enlève le phlogiſtique à l'huile, & y développe un acide ſubtil qui y étoit auparavant, & c'eſt cet acide qui noircit l'huile.

## §. XLV.

*Quatrième Expérience.*

[*a*] J'ai mis un morceau de phoſphore d'urine dans une fiole contenant ſept onces remplie d'Air du Feu : je la fermai avec un bouchon ; je chauffai avec une lumière la place où étoit le phoſphore, qui s'embraſa & jetta une flamme très-claire. La fiole ſe briſa en morceaux dès que la flamme fut éteinte.

[*b*] La fiole de l'expérience précédente étant très-mince, je la répétai avec une fiole plus épaiſſe ; & lorſque tout fut refroidi, je voulus en retirer le bouchon ſous l'eau. Cela me fut impoſſible, tant l'Air extérieur preſſoit fortement le bouchon dans la fiole. Je l'enfonçai donc

tout à fait : l'eau s'y jetta & la remplit presque entièrement. Comme la première fiole étoit très-mince, la rupture ne pouvoit être attribuée qu'à la pression de l'Air extérieur. [c] Ayant mêlé de l'Air corrompu avec un tiers d'Air du Feu, & y ayant fait brûler un morceau de phosphore, il n'y eut non plus que le tiers de l'Air d'absorbé.

## §. XLVI.

### *Cinquième Expérience.*

Je répétai l'expérience du §. XIX, avec la seule différence que je pris des tubes plus longs, & que je remplis le matras d'Air du Feu. Il étoit agréable de voir monter peu-à-peu l'eau dans le matras. La flamme s'éteignit, lorsque les sept huitièmes du matras furent pleins d'eau.

## §. XLVII.

### *Sixième Expérience.*

Je posai sur les supports (§. XXI, *let. e*) quelques charbons ardens, & je les couvris d'un matras plein d'air du Feu : les charbons avoient à peine atteint l'Air du matras, que leur feu s'anima.

Lorſque tout fut refroidi, je fis une ouverture au bas du matras, dont la quatrième partie ſe remplit d'eau. Mais, lorſque par le ſecours du lait de chaux j'eus retiré l'acide aërien que le réſidu de l'Air contenoit, l'eau occupoit les trois quarts du matras, & une lumière brûloit encore dans cet air.

## §. XLVIII.

### *Septième Expérience.*

Je voulus voir comment l'Air du Feu agiſſoit avec le ſoufre dans l'expérience du §. XXIII. Dès que le ſoufre enflammé vint en contact avec l'Air du Feu que le matras contenoit, la flamme s'agrandit & s'éclaircit beaucoup. Le feu étant éteint, l'eau de la cuve s'étoit frayé un chemin au travers du gâteau, & avoit rempli les trois quarts du matras. Comme je me ſuis ſervi pour ces trois dernières expériences d'un matras qui ne contenoit qu'un volume d'air de trente onces d'eau, j'ai été obligé d'arranger mon ſupport (§. XXI) en conſéquence.

## §. XLIX.

Si l'Air corrompu eſt plus léger que l'Air commun, comme je l'ai avancé (§. XVI), l'Air du Feu doit être plus peſant que l'Air commun. En effet, un volume d'Air du Feu de vingt onces d'eau pèſe preſque deux grains de plus qu'un pareil volume d'Air commun.

## §. L.

Ces expériences prouvent que cet Air du Feu eſt préciſément le même Air du Feu qui fait brûler le Feu dans l'Air commun. Il eſt uni dans l'Air commun à un air qui paroît n'avoir aucune affinité avec le phlogiſtique, qui s'oppoſe un peu à l'inflammation, d'ailleurs ſi prompte & ſi vive. En effet, ſi l'Air commun n'étoit composé que d'Air du Feu, l'eau seroit d'un bien foible secours dans les incendies. L'acide aërien, combiné avec l'Air du Feu, produit le même effet que l'Air corrompu. Je mêlai une partie d'Air du Feu avec quatre parties d'acide aërien : la lumière brûloit encore assez bien dans ce mêlange. La chaleur, interposée dans les pores des corps inflammables, ne sauroit produire toute la chaleur que le Feu nous fait ressentir, & je crois ne pas me tromper en concluant de mes expériences, que (14) la chaleur ardente est seulement produite, pendant la combustion du Feu, par l'Air & le phlogistique des corps inflammables; & si ce nouveau produit élastique, infiniment subtil, vient à toucher un autre corps qui attire plus fortement le phlogistique, il faut nécessairement que cette *chaleur ardente* soit décomposée : les expériences des §. XLV, *lettre b*, & §. XLVI, nous le prouvent de la manière la plus évidente, puisque la totalité de ce qui étoit dans le matras a disparu.

Examinons maintenant ſi l'Air du Feu que nous avons perdu ſans feu, dans les expériences des §. VIII-XV, a vraiment été converti en chaleur. On ne ſent à la vérité point de chaleur au toucher : mais le dixième §. nous prouve ſans replique que dans cette circonſtance il y a eu combinaiſon de l'Air du Feu avec le phlogiſtique. Il ne faut point s'en rapporter au toucher pour bien juger de la chaleur; le thermomètre peut ſeul nous la faire apprécier. Le ſoufre ne brûle que pendant environ trois minutes dans une quantité donnée d'air, & cependant une quantité d'air égale à celle-là, peut reſter en contact quelques ſemaines avec le foie de ſoufre, avant que l'Air du Feu en ſoit totalement ſéparé. Il faut donc, dans ce cas, que la chaleur, qui ſe forme cependant à chaque inſtant, ne ſoit que très-petite : mais que faut-il de plus ? Il eſt des expériences où l'Air eſt déjà abſorbé dans la moitié de ce temps : alors la proportion de la chaleur doit être double. Il en eſt d'autres dans lesquelles cette chaleur devient sensible au toucher : aussi l'Air du Feu en disparoît-il en une heure. Voici les expériences que j'ai faites à cet égard.

## §. L I.

### *Première Expérience.*

Je mêlai une forte solution de foie de soufre avec assez de craie pulvérisée, pour que le mêlange devînt presque une poudre sèche : je mis cette poudre dans un verre à confiture hors de ma fenêtre, avec un thermomètre. Deux heures après, lorsque le thermomètre & la poudre avoient acquis le même degré de chaleur, je posai le thermomètre dans le verre au milieu de la poudre. Dans quelques minutes, l'esprit-de-vin s'étoit un peu élevé dans le tube. Je retirai le thermomètre de la poudre, & je le plaçai tout près : aussitôt la liqueur baissa. Je le remis dans le verre, & l'esprit-de-vin remonta. Le lendemain la poudre ne fit plus de sensation ſur le thermomètre. Cette poudre qui étoit jaune le jour précédent, étoit devenue blanche, & l'addition de quelques acides n'en dégageoit pas l'odeur hépatique ; ce qui prouve que le ſoufre étoit détruit. Il n'eſt donc pas ſurprenant qu'il ne ſe produisît plus de chaleur.

## §. LII.

### *Seconde Expérience.*

[*a*] La limaille de fer, humectée par quelques gouttes d'eau, fit également monter la liqueur du thermomètre. Cette expérience fut répétée pluſieurs fois trois jours de ſuite, avec la même limaille, & un égal ſuccès. [*b*] L'huile de térébenthine abſorbant l'Air, il ſembleroit qu'elle dût auſſi produire de la chaleur. Je mêlai un peu de cette huile avec de la craie pulvériſée, de manière que ce mêlange devint une poudre lâche ; & lorſque le thermomètre eut le même degré de chaleur que le mêlange, je l'y plaçai : mais

la liqueur ne monta ni ne baiſſa. L'huile de térébenthine s'évaporant conſidérablement, & toute évaporation abſorbant la chaleur de l'Air, n'arriveroit-il pas dans ce cas que le froid, occaſionné par l'évaporation, compensât la chaleur produite? En effet, ſi cela n'étoit pas, il faudroit que la liqueur du thermomètre baiſsât.

J'avois mêlé la ſolution de foie de ſoufre & l'huile de térébenthine avec de la craie, pour que l'Air pût toucher le phlogiſtique en un plus grand nombre de points, & qu'il excitât par-là une chaleur plus ſenſible.

## §. LIII.

*Troiſième Expérience.*

L'Air du Feu étant la ſeule portion de l'air commun qui puiſſe compoſer la chaleur en s'uniſſant au phlogiſtique, je voulus voir ſi la chaleur produite ne ſeroit pas plus ſenſible, en ne me ſervant pour ces expériences que d'Air du Feu. Mon doute fut bientôt éclairci : car, ayant rempli d'Air du Feu un bocal de douze onces, & l'ayant tenu bien fermé, pendant quatre heures, à côté d'un thermomètre & d'un mélange de craie pulvérisée & de solution de foie de soufre, je mis la poudre dans le bocal; j'y plaçai la boule du thermomètre; je scellai le bocal autour du tube avec de la cire. Immédiatement après, la liqueur s'éleva dans le tube le double de ce qu'elle étoit montée dans le même mêlange à l'air libre.

## §. LIV.

### *Quatrième Expérience.*

La chaleur produite par un mêlange de limaille de fer, de soufre & d'eau, est uniquement due à l'union que le phlogistique du fer a contractée avec l'Air du Feu. Je mêlai trois parties de fer & une partie de soufre, avec autant d'eau qu'il en fallut pour en faire une poudre humide : je partageai ce mêlange en deux portions. Je remplis de l'une une fiole pourvue d'un bouchon fermant herméti-quement : j'exposai l'autre à l'air libre dans un verre à confiture, qui s'échauffa tellement en deux heures de temps, que je ne pus garder long-temps le verre à la main, tandis que la fiole ne s'échauffa pas du tout ; cependant cette portion du mêlange étoit noircie comme l'autre. Quelques semaines après, je jetai sur un morceau de papier une partie de la poudre encore humide qui étoit restée renfermée : dans trois minutes elle s'échauffa vivement & fuma. Je mis le surplus dans un verre à confiture sur le support (§. XXI, *let. b*), & je le couvris d'un petit matras. L'eau y monta peu-à-peu, & dans trois heures elle en occupoit presque le tiers. L'eau s'arrêta à ce point : alors j'enlevai ce matras ; je le remplis de nouvel air, & je le replaçai sur ce mêlange ferrugineux. L'eau y remonta.

L'Air s'absorbant ici avec tant de promptitude, il n'est pas surprenant que la chaleur fût si sensible au toucher.

J'espère avoir démontré que la chaleur est composée de deux parties constantes; savoir, du principe inflammable & de l'Air du Feu qui se trouve dans l'air atmosphérique. Un homme de bon sens n'en conclura pas sans doute qu'il faut toujours que ces deux substances constituantes commencent à se réunir pour qu'il se forme de la chaleur; elle existe en partie toute formée dans les pores des corps, & nous en ferons mention dans la suite de cet Ouvrage.

## §. L V.

### *Propriétés de la chaleur.*

Nous savons qu'un miroir de métal concave réfléchit tellement la chaleur des charbons bien ardens placés dans son foyer, que lorsqu'on la reçoit sur un second miroir métallique concave, il se forme un foyer capable d'allumer des substances inflammables. Ce phénomène est-il dû à la chaleur de ces charbons ardens, ou à leur lumière seule; ou la chaleur & la lumière y contribuent-elles ensemble? Ceux qui confondent ces expressions, qui attribuent le nom de Feu à tout ce qui y a seulement quelque rapport, qui le donnent indifféremment à la lumière, à la chaleur, au phlogistique qui est renfermé dans tous les corps, &c, n'hésiteront pas à répondre à ma question; c'est le Feu qui est réfléchi par les miroirs, qui y est réuni & concentré, & qui produit par conséquent le même effet que la lumière du soleil. Suspendons notre jugement, jusqu'à ce que nous ayions réfléchi sur les expériences suivantes.

## §. LVI.

[a] Que l'on se place en hiver dans son appartement devant un poële, lorsque le bois y est bien enflammé, & que le poële est échauffé de manière qu'à une distance de dix pieds on sente encore suffisamment la chaleur, dont le torrent se dirige dans la chambre par la porte du poële qu'on laissera ouverte. On apper-

cevra néanmoins très-distinctement son haleine; ce qui n'a pas lieu en été dans un air bien moins échauffé: que l'on porte une lumière ou de la fumée dans ce torrent de chaleur qui s'élance en ligne droite hors du fourneau; non seulement la lumière continuera à brûler paisiblement, mais la fumée s'élevera perpendiculairement. [*c*] Comme il y a un courant d'air constant de la chambre dans le poële pour remplacer l'Air que la chaleur a dilaté, & qui s'est en allé par la cheminée, pourquoi cette chaleur, qui s'élance du fourneau dans l'appartement, n'est-elle pas de même entraînée dans les tuyaux du poële par le courant d'air? [*d*] Qu'on agite fortement l'Air d'une manière quelconque de droite à gauche devant la porte du poële, cela ne fera pas plus changer de direction à la chaleur qui sort du poële qu'aux rayons du soleil, de manière qu'en approchant le visage du fourneau, du côté gauche, on sentira le vent qui traverse la chaleur; mais il ne

fera

pas chaud. [e] Nous ſavons bien que lorſque la lumière du ſoleil trace ſur une muraille blanche l'ombre d'un corps rougi ou ſeulement ardent, cette ombre eſt environnée d'une vapeur qui vacille d'une vîteſſe prodigieuſe, que l'on ne ſauroit attribuer qu'à la dilatation plus ou moins forte que la chaleur occaſionne dans l'Air, au travers duquel les rayons de lumière ſe briſent. D'où vient donc maintenant qu'étant aſſis devant le poële, la fenêtre à ſa droite & la muraille blanche à ſa gauche, on n'apperçoit point cette ombre vacillante ſur la muraille, quoique les rayons du ſoleil qui traverſent les carreaux des fenêtres coupent le courant de chaleur ardente pour tomber ſur le mur blanc; tandis qu'en ſuſpendant un fer ou une pierre chaude échauffée dans ce même courant, on obſervera ce vacillement dans l'air libre auſſi-bien que ſur le mur blanc? [f] Tenez un grand carreau de verre entre le viſage & le fourneau: vous verrez à la vérité le feu; mais vous ne ſentirez point de chaleur, le verre l'interceptera en entier. [g] On peut faire réfléchir pareillement la lumière de ce feu par un miroir plan de verre, sans que cette lumière ait la moindre chaleur : le miroir retient toute la chaleur qui le frappera. [h] Mais une plaque de métal poli réfléchira la lumière & la chaleur, suivant les mêmes loix que la lumière du soleil. La chaleur étant aussi réfléchie, il n'est pas surprenant que cette plaque ne s'échauffe point. [i] C'est par cette raison qu'avec un petit miroir ardent on peut produire, à deux aunes de distance du fourneau, un foyer dans lequel le soufre s'allume. On peut le tenir très-long-temps dans cette position, sans qu'il s'échauffe : mais si on l'enduit d'un peu de suie en le passant sur une chandelle allumée, on ne sauroit le garder quatre minutes dans la même position devant le poële sans se brûler les doigts. [k] En faisant réfléchir la chaleur qui s'élance du poële en une autre place par une plaque de métal poli, on produit un foyer senſible, mais ſeulement juſqu'à la diſtance de deux à trois aunes de la plaque. Cependant le même miroir concave forme un foyer très-clair, lorſqu'un miroir de verre y réfléchit la lumière, ſans qu'on ſente la plus légère chaleur dans ce foyer.

[*l*] En plaçant entre ſoi & le feu un carreau de verre, on peut de même former derrière ce verre un point clair avec le miroir concave; mais il ſera dépourvu de chaleur. C'eſt par la même raiſon qu'on peut à la vérité former devant ce feu des points clairs avec des verres ardens, mais qui n'ont pas la moindre chaleur. [*m*] Le miroir concave de métal & la plaque s'échauffent cependant fort vîte dès qu'ils touchent un corps chaud, quoique la chaleur qui s'élance du poële ne leur communique point de chaleur. Par exemple, ſi l'on ferme la clef ſupérieure du poële, l'Air échauffé ſort auſſi-tôt de la bouche, & s'élève. Que l'on tienne le miroir concave ou la plaque de métal dans cette chaleur perpendiculairement aſcendante,

le métal sera bientôt échauffé. Cette chaleur ne se laisse point réfléchir.

## §. LVII.

D'où il suit que la chaleur qui s'élève dans le poële avec l'Air, & qui s'envole par la cheminée, est réellement différente de celle qui s'élance par la porte du poële dans la chambre. Celle-ci s'éloigne en ligne droite du lieu de sa naissance : les métaux polis la réfléchissent sous un angle égal à celui d'incidence (§. LVI, *let. h, i*). Elle ne se combine point avec l'Air : de-là vient que sa direction primitive ne sauroit être changée par un courant d'air (*let. c, d*), & que les vapeurs que la bouche exhale sont visibles dans la chambre (*let. a*). Elles ne le sont point en été, parce que l'Air est vraiment combiné dans cette saison avec la chaleur, & qu'un air chaud est toujours capable de tenir plus d'eau en dissolution qu'un air froid. L'Air ne se combinant donc point avec cette chaleur, il est plausible qu'il n'en est pas dilaté ; ce qui explique pourquoi elle ne fait pas voir de vacillement quand la lumière du ſoleil la traverſe (*let. e*). Quoique ces propriétés ſoient celles de la lumière, je ne penſe pas qu'on veuille attribuer ces phénomènes à la lumière de la flamme, beaucoup trop foible en comparaiſon de celle du ſoleil ; & l'effet de l'inflammation (*let. i*) eſt bien plus conſidérable, lorſque le bois eſt conſumé & converti en charbons ardens clairs, quoique la lumière ſoit bien moindre. D'ailleurs, on peut ſéparer cette lumière de la chaleur au moyen d'un miroir de verre (*let. g*) : car, dans ce cas, la chaleur reſtant dans ce verre, la lumière réfléchie ne fait point reſſentir de chaud. La même choſe ſe voit depuis la lettre *g* juſqu'en *l*. *L'ardeur* qui s'élance par la bouche du fourneau, a donc bien quelque rapport avec la lumière, mais elle n'eſt point encore tout-à-fait lumière ; car une ſurface de verre ne la réfléchit pas comme les ſurfaces métalliques (circonſtance très-remarquable). Elle agit aussi à une distance bien moindre du lieu de son origine, au moins à en juger par le toucher : elle se convertit bientôt en chaleur lorsqu'elle s'unit à un corps, comme on l'observe au verre (*let. g*) & au miroir de métal enduit de suie (*let. i*), &c : alors elle peut être transmise d'un corps à un autre, se combiner avec l'Air, & y produire le vacillement (*let. e*). Tout ceci n'appartient pas seul à l'ardeur qui s'élance par la bouche du poële dans l'appartement, mais encore à chaque feu. Qu'on se représente une petite monticule de charbons ardens : *l'ardeur* qui s'élance en-dehors, tout autour de cette monticule, est la même que celle qui se laisse réfléchir par la plaque métallique ; mais celle qui s'élève en l'Air & que le vent agite, est celle qui s'est combinée avec l'Air. J'appellerai la première, pour la distinguer, *ardeur rayonnante.*

## §. LVIII.

D'où vient donc cette différence remarquable entre l'*ardeur rayonnante* & la chaleur ? La première n'auroit-elle pas rencontré, au moment de sa formation, assez de matière d'air à laquelle elle eût pu s'attacher ; ou auroit-elle obtenu, au commencement de son existence, une élasticité si forte, que l'Air & les métaux polis ne sauroient la retenir dans la vélocité de sa course ? La première conjecture ne me paroît pas fondée : car si l'ardeur rayonnante n'a pu se combiner avec l'Air, faute d'en trouver, pourquoi ne s'unit-elle pas à lui lorsqu'elle en rencontre, & pourquoi s'élance-t-elle au travers de l'Air, comme les rayons de lumière ? Je suis fondé à croire la dernière de ces conjectures très-vraisemblable. Mais qui peut donc communiquer à la chaleur cette grande élasticité ? Je pense que l'Air du Feu est susceptible de se combiner avec plus ou moins de phlogistique ; & dans ce cas, il doit produire des phénomènes proportionnés à la quantité de phlogiſtique qui lui eſt unie. Ne ſavons-nous pas qu'un grand nombre de corps qui ſe combinent avec le principe inflammable, ſont ſuſceptibles de le recevoir en proportions plus ou moins conſidérables ? N'acquièrent-ils pas par-là plus ou moins de volatilité & d'élaſticité (15), comme je l'ai déjà avancé (§. XXVII), & comme l'eſprit de nitre nous le prouve clairement? L'Air du Feu doit donc être doué d'une ſemblable propriété. Cet air & le phlogiſtique étant les véritables parties conſtituantes de la chaleur, & la chaleur étant très-ſuſceptible de ſe combiner avec plus de phlogiſtique, comme je le prouverai dans la ſuite, cette augmentation d'élaſticité, communiquée par le phlogiſtique de la chaleur, diminue par l'influence de la vertu attractive, de manière que les métaux, auſſi-bien que l'Air, ſont par la ſuite en état de l'attirer. Je crois que nous sommes maintenant en état de répondre à la question du §. LV. C'est l'*ardeur rayonnante* qui produit l'inflammation dont il y est question. Cette substance est invisible & distincte du Feu.

## §. LIX.

### *De la Lumière.*

J'ai fait voir jusqu'à présent, par des expériences non équivoques, les parties constituantes de la chaleur & les principes prochains de l'Air, autant que cela m'étoit nécessaire pour l'explication que je me propose de donner du Feu : mais comme on ne sauroit admettre du feu sans lumière, il faut encore considérer cette surprenante apparition avant de pouvoir parvenir à une théorie solide du Feu.

Il n'est pas douteux que la lumière du soleil & celle des feux qui brûlent ne soit la même chose; elle affecte les yeux comme celle du soleil, & nous fait voir, au travers le prisme, les mêmes sortes de couleurs : mais comme elle eſt infiniment plus foible, il n'eſt pas étonnant que ſes rayons, concentrés par le verre ardent, ne produiſent pas d'embraſement.

Il n'eſt pas moins certain que la lumière doit être miſe au rang des corps comme la chaleur : mais je ſuis d'autant moins porté à croire que la lumière & la chaleur ne ſoient qu'une ſeule & même choſe, que le contraire me paroît prouvé par des expériences. La ſuite éclaircira cette propoſition.

## *PREUVES de la préſence du principe inflammable dans la Lumière.*

### §. L X.

Si l'on expoſe aux rayons du ſoleil de la ſolution d'argent dans l'acide nitreux ſur un morceau de craie, la ſolution noircit. La lumière du ſoleil, réfléchie par un mur blanc, produit le même effet, mais plus lentement. La chaleur ſans lumière ne produit aucun changement dans ce mélange. Cette couleur noire seroit-elle du véritable argent ? Nous ne déciderons cette question, qu'après avoir démontré la présence du phlogistique dans la lumière.

## §. LXI.

### *Première Expérience.*

Je posai un peu de terre d'argent sur un petit morceau de porcelaine, & l'exposai au foyer d'un verre ardent : aussitôt la superficie de cette terre redevint argent. J'entends par terre d'argent, l'argent qui a été dissous dans un acide nitreux pur, & précipité par l'alkali du tartre. Il est certain que l'acide nitreux enlève le phlogistique aux métaux parfaits comme aux métaux imparfaits (§. XXVII, *b*); ce qui est suffisamment prouvé par l'effervescence de ces dissolutions & la rougeur des vapeurs qui s'en exhalent. Ces précipités métalliques sont à la vérité dissolubles dans l'acide nitreux pur; mais il ne leur communique pas la plus légère rougeur. Il en est ainsi de la terre d'argent. L'argent, réduit au foyer du verre ardent, colore en rouge les vapeurs de l'acide nitreux pendant sa dissolution. D'où cet argent auroit il donc repris du phlogistique, si ce n'est de la lumière du soleil?

## §. LXII.

### *Seconde Expérience.*

[*a*] Je mis un peu de chaux de mercure obtenue de l'acide nitreux, ou autrement dit du précipité rouge, sur un ducat: je le plaçai au foyer d'un miroir ardent; la poudre commença à fumer, & l'or blanchit.

[*b*] Je fis dissoudre de l'or dans de l'eau régale préparée avec de l'eau-forte & du sel marin, & je le précipitai par l'alkali du tartre. Je plaçai cette terre d'or, bien séchée & édulcorée, sur un morceau de porcelaine, au foyer: elle devint d'un brun foncé, & reprit les propriétés du véritable or.

On pourroit attribuer cette réduction à la chaleur du foyer ; mais cela même démontreroit la présence du phlogistique dans la lumière, puisqu'il ne sauroit y avoir de chaleur sans phlogistique. Au reste, il y a plusieurs preuves contraires à cette opinion.

[c] Je versai un peu de l'acide nitreux fumant le plus pur (§. XXV) dans une fiole fermée d'un bouchon de crystal, & je l'exposai à la lumière du soleil. Dans trois heures de temps je trouvai la fiole pleine de vapeurs rouges. La chaleur du fourneau de faïance produit le même effet sur cet acide ; mais il faut quatre semaines, pour que la rougeur devienne sensible.

## §. LXIII.

### *Troisième Expérience.*

Je précipitai une solution d'argent par le sel ammoniac ; j'édulcorai & séchai le précipité, & je l'exposai, pendant quinze jours, aux rayons du soleil, sur un morceau de papier. Dès que la surface de ma poudre noircissoit, je la retournois. Je répétai cette manœuvre fréquemment; ensuite je versai sur cette poudre, qui sembloit noire, de l'esprit de sel ammoniac caustique, & je la mis en digestion. Ce menstrue ayant dissous une grande partie de la lune cornée, il resta une poudre noire subtile, qui, édulcorée, fut presqu'entièrement dissoute à son tour par de l'acide nitreux pur qu'elle rendit volatil. Cette solution fut de nouveau précipitée en lune cornée par du sel ammoniac : ainsi le noir que la lumière donne à la lune cornée, est de l'argent réduit. Il en est par conséquent de même de la solution d'argent répandue sur de la craie (§. LX). J'ai enveloppé de la lune cornée blanche dans un papier, & l'ai exposée, pendant deux mois entiers, à la chaleur d'un fourneau, sans que sa couleur eût changé.

L'argent ne pouvant se combiner sous la forme métallique avec l'acide marin, il faut que dans la réduction ci-dessus il se sépare autant d'acide marin de la lune cornée, qu'il y a de particules de sa superficie converties en argent.

[b] Pour m'en assurer, je versai sur de l'argent corné, bien édulcoré, de l'eau distillée qui ne s'élevoit que très-peu au-dessus de la poudre; j'en mis la moitié dans un verre de crystal, que j'exposai aux rayons du soleil, & que je retournai plusieurs fois par jour : je laissai l'autre moitié dans un endroit obscur. Quinze jours après, je filtrai l'eau qui couvroit la lune cornée exposée au soleil, qui étoit devenue noire. Je versai de cette eau, goutte à goutte, dans une solution d'argent, qui fut encore précipitée en lune cornée. L'eau qui étoit sur l'autre portion de lune cornée ne produisit aucun effet sur la solution d'argent, & la couleur blanche de l'argent corné n'avoit pas varié. [c] Je versai de l'eau-forte sur la lune cornée, & l'exposai dans une fiole de crystal aux rayons du soleil; mais elle ne noircit pas.

Le §. LXII, *let. c*, en fait voir la raiſon.

## §. LXIV.

### *Quatrième Expérience.*

Je fis évaporer une ſolution d'or à ſiccité, & je fis rediſſoudre le réſidu dans de l'eau diſtillée, que je verſai dans une fiole de cryſtal blanc : je fermai cette fiole avec un bouchon de verre, & je l'expoſai aux rayons du ſoleil. Dans quinze jours je découvris (ſur-tout lorſque je regardai cette ſolution à la lumière du ſoleil); je découvris, dis-je, dans cette ſolution une grande quantité de petites paillettes d'or, & ſa ſurface étoit enduite d'une petite pellicule d'or très-fine. J'avois commencé par évaporer la ſolution d'or, pour que l'acide ſurabondant s'en ſéparât; il auroit pu mettre, en quelque façon, obſtacle à la réduction. Je ne rapporterai plus qu'une ſeule expérience, pour achever de nous convaincre de la préſence du phlogiſtique dans la lumière. L'eau-forte pure ne diſſout pas la manganèſe, à moins qu'on n'y ajoute du phlogiſtique, comme du ſucre, par exemple : alors la ſolution devient claire comme de l'eau, & ſans couleur. En verſant dans cette ſolution de l'alkali du tartre, on obtient un précipité blanc, qui n'eſt autre choſe que la manganèſe unie au phlogiſtique du ſucre. Si on en ſépare le phlogiſtique d'une manière quelconque, la manganèſe reparoît ſous la couleur noire qui lui eſt naturelle (voyez les Mémoires de l'Académie Royale des Sciences de Suède, 1774). L'expédient le plus prompt pour en ſéparer le phlogiſtique, eſt d'étendre la manganèſe, clairement ſemée, ſur une feuille de fer-blanc placée ſur des charbons ardens ; elle y reprend promptement ſa couleur noire. Cette manganèſe, quelque diviſée qu'elle ſoit, ne ſe diſſout pas dans l'acide nitreux ſans phlogiſtique. Elle fera le ſujet du §. ſuivant.

## §. LXV.

### *Cinquième Expérience.*

Je verſai environ une demi-once d'acide nitreux pur fumant dans une fiole de cryſtal, dont les ſept huitièmes reſtèrent vuides : j'y mis la manganèſe en queſtion ; je fermai la fiole avec un bouchon de cryſtal, & je l'expoſai, pendant deux heures, à la lumière du ſoleil. Dans cet intervalle, le mêlange s'étoit clarifié & avoit perdu ſa couleur noire. J'ajoutai encore un peu de la même manganèſe ; je rebouchai le verre, & l'expoſai de nouveau aux rayons du ſoleil. Dans quelques heures la manganèſe fut auſſi diſſoute. Je réitérai cette opération, juſqu'à ce que l'acide ne voulut plus en recevoir : alors j'y verſai ſix fois autant d'eau diſtillée. Je filtrai la diſſolution, & je la précipitai avec l'alkali du tartre : je lavai bien ce précipité blanc, & le ſéchai à une chaleur douce ; c'étoit la manganèſe unie au phlogiſtique avec l'acide aérien de l'alkali. Pour vous en convaincre, faites diſſoudre ce précipité dans l'acide vitriolique, & diſtillez dans une petite cornue à grand feu; la manganèſe, contenue dans le réſidu, reprendra ſa couleur naturelle, & l'acide qui a paſſé dans le récipient aura toutes les propriétés de l'acide ſulfureux volatil. On peut encore mêler une partie de ſalpêtre en poudre avec quatre parties de cette manganèſe blanche : mettez ce mêlange dans une petite cornue & le diſtillez; il noircira très promptement, & le ſalpêtre ſera alkaliſé. On peut encore employer une autre manière de procéder. Rempliſſez une petite fiole de cette manganèſe phlogiſtiquée; mettez-y un bouchon de craie, & placez-le au bain de ſable dans un creuſet : faites rougir la fiole pendant un quart d'heure; retirez-la du ſable, tandis qu'elle eſt un peu chaude; verſez ſur un papier la manganèſe encore blanche, elle s'enflammera auſſi-tôt, & ſera convertie en une poudre noire. Vous pouvez aussi laisser refroidir totalement la fiole, & jetter la manganèse sur de la tôle ardente, mais point rouge; la manganèse commencera à rougir, & reprendra sa première forme.

J'ai d'abord fait rougir la manganèse blanche dans un vaisseau fermé pour pouvoir obtenir cette inflammation, parce qu'en la mettant sur un fer chaud avant de l'avoir grillée dans un vaisseau fermé, elle seroit bien calcinée : mais son inflammation seroit à peine visible, à cause de l'acide aërien avec lequel elle est combinée; car celui-ci passe dans l'Air à mesure que le phlogistique se sépare de la manganèse; & une seule partie d'acide aërien, mêlée à huit à dix parties d'Air commun, éteignant le Feu (§. XXII), il est nécessaire d'expulser cet acide de la maganèse dans des vaisseaux fermés. Dans cette expérience, le phlogistique tiré des rayons du soleil s'enflamme.

*La Lumière n'est point une substance simple ou un élément* (16).

## §. LXVI.

Si la lumière étoit une matière simple, les expériences précédentes, & plusieurs autres expériences déjà connues, nous forceroient de conclure qu'elle n'est autre chose que le principe inflammable : mais ayant démontré que le phlogistique forme l'*ardeur* & la chaleur par sa combinaison avec l'Air du Feu, & notre atmosphère étant pourvu d'une grande quantité de cet Air du Feu, le phlogistique qui s'écoule continuellement du soleil, se combinant avec cet Air du Feu, ne devroit produire que de la chaleur : alors nous existerions dans une épaisse obscurité. Cependant la lumière, quelque concentrée qu'elle soit, ne produit aucune chaleur dans l'Air. Je ne saurois donc me persuader que la lumière ne soit que le phlogistique pur : d'ailleurs, mes expériences ne me le permettroient pas. Si cela étoit, il faudroit que le nitre fût alkalisé au foyer du miroir ardent, & que les chaux des métaux imparfaits y fussent réduites; ce qui n'arrive pas. On pourroit m'objecter à la vérité que l'Air, au moyen de la chaleur du foyer, calcine ces chaux à mesure qu'elles se réduisent. Il ne s'agit donc plus que de faire cette expérience dans un air qui n'est plus susceptible de recevoir du phlogistique, c'est-à-dire, dans un air corrompu. M. Lavoisier, & d'autres, ont déjà répondu à cette objection. Il a calciné des métaux au verre ardent sous une cloche de verre; il n'a pu les priver de leur phlogistique que dans une certaine portion d'air, c'est-à-dire, que le phlogistique n'a pu se séparer des métaux, qu'en proportion de l'Air du Feu qui se trouvoit sous la cloche. L'air restant sous la cloche étoit de l'air gâté. Si l'objection étoit valable, pourquoi M. Lavoisier, en continuant sa calcination, n'a-t-il pas pu rendre la forme métallique à ces chaux cet air ne pouvant leur enlever le phlogistique que leur auroit fourni la lumière ? On me dira peut-être encore que si la lumière n'étoit pas un phlogistique si subtil & si pur, elle réduiroit sûrement la chaux des métaux imparfaits, dont le phlogistique est grossier, aussi-bien que celle des métaux parfaits : mais le phlogistique est un dans tous les corps ; il ne diffère en rien. Celui de l'or & de l'argent est le même que celui du fer & de l'huile : d'ailleurs, les métaux imparfaits réduisent les métaux parfaits. Par exemple, le cuivre rend la forme métallique aux chaux d'argent & de mercure dissoutes dans l'acide nitreux, &c. L'on pourroit répondre à cela que dans cette expérience le phlogistique se décompose ; que sa partie subtile (qui est la même que celle qui pénètre au travers des cornues, & qui réduit les chaux des métaux imparfaits) s'attache à la chaux d'argent. Mais je demanderois alors ce que c'est que cette partie grossière du phlogistique qui est restée dans la solution de cuivre. Se ſéparcroit il quelque choſe de matériel de ce phlogiſtique pur qui s'eſt uni à l'argent? (M. Baumé croit que c'eſt une terre vitrifiable). Il faudroit dans ce cas qu'en évaporant à ſiccité, & diſtillant cette ſolution de cuivre dans une cornue à un feu violent, la terre *cuivreuſe* qui ſe trouveroit dans le réſidu de cette diſtillation, après que l'acide nitreux en auroit été ſéparé, fût réduite uniquement par l'*ardeur rouge* : car la terre ſubtile avec laquelle le phlogiſtique auroit été combiné devroit encore exiſter dans le réſidu, & pouvoir très-aiſément ſe combiner de nouveau avec le phlogiſtique pur qui pénètre dans la cornue. L'expérience m'a prouvé que cela n'a pas lieu. On voit aiſément que toutes ces opinions proviennent de ce que l'on ne connoiſſoit pas ce qui compoſe la chaleur, que l'on ne regardoit que comme un phlogiſtique ſubtil.

Les belles couleurs dont la lumière brille conſtamment, ſont encore une preuve qu'elle qu'elle n'eſt pas ſimplement du phlogiſtique. Les affinités de la lumière & du phlogiſtique qui les font agir ſi différemment ſur les corps, donnent ſuffiſamment à connoître qu'ils ne ſauroient être de la même nature. L'expérience ſuivante ajoute encore à la force de cette opinion. Faites tomber ſur le plancher les rayons du ſoleil décompoſés par un priſme placé à la fenêtre, & mettez dans cette lumière colorée un papier ſur lequel on aura diſperſé de la lune cornée : vous obſerverez qu'expoſée aux rayons violets, elle noircira bien plus promptement que dans les autres rayons ; c'eſt-à-dire, que la chaux d'argent ſépare plus promptement le phlogiſtique de la lumière violette que des autres rayons (17).

J'ai démontré la préſence du phlogiſtique dans la lumière, & j'ai fait voir qu'elle n'étoit pas ſimplement du phlogiſtique : ainſi la lumière ne ſauroit être conſidérée comme une ſubſtance ſimple.

*LORSQUE le mouvement de la Lumière n'est point interrompu, elle n'occasionne ni ardeur ni chaleur.*

## §. LXVII.

En exposant aux rayons du soleil deux thermomètres égaux, dont l'un est rempli d'esprit-de-vin coloré d'un rouge foncé, & l'autre d'esprit-de-vin non-coloré, la liqueur rouge s'élevera bien plus promptement que la blanche. Mais, si vous mettez ces deux thermomètres dans l'eau chaude, leurs liqueurs monteront en même temps. Plus la couleur d'un corps approche du noir, plus promptement il est échauffé par les rayons du soleil; plus il est blanc, plus il faut de temps pour que le soleil l'échauffe. La cause de ce phénomène se trouve dans le plus ou le moins d'affinité que les corps ont avec la lumière. De-là vient que ceux qui repoussent la lumière en tout sens, & qu'on nomme blancs, ne s'échauffent que peu & très-lentement. Il en eſt de même de ceux qui ne s'oppoſent point au paſſage des rayons de lumière, & qu'on nomme tranſparens. La chaleur que nous occaſionnent les rayons du ſoleil, ne provient donc abſolument que de ce que leur mouvement, dont la vélocité eſt extrême, eſt arrêté par de certains corps.

Voyons donc ſi cette chaleur eſt propre aux rayons du ſoleil, ou ſi elle doit ſon origine à ces corps.

## §. LXVIII.

J'ai fait voir, dans les §. précédens, que l'*ardeur rayonnante* (§. LVII) n'adhéroit ni à l'Air, ni aux métaux polis; mais, qu'avec un miroir de métal concave, elle produiſoit un foyer ſuſceptible d'enflammer les corps; que lorſqu'elle s'étoit une fois unie à d'autres corps, elle pouvoit alors ſe combiner facilement avec l'Air & les métaux. Ces propriétés lui ſont communes avec la lumière. J'ai démontré en même temps que cette propriété embrasante de l'*ardeur rayonnante*, ne devoit pas être attribuée à la lumière avec laquelle elle étoit combinée (§. LVII), & qu'elle ne produisoit cet effet, qu'après avoir été attirée par d'autres corps. N'en seroit-il pas de même des rayons du soleil? Je suppose que la chaleur que la plupart des corps obtiennent des rayons du soleil, soit la même que celle qui est interposée dans les pores des corps, & qui est mise en mouvement par le frottement qu'occasionne la lumière du soleil (car l'on veut que la chaleur provienne toujours du frottement). L'Air, considéré dans son état de pureté, qui ne s'échauffe pas facilement par les rayons du soleil, s'échauffe lorsqu'il environne un corps sur lequel la lumière du soleil a dardé un peu de temps; ce qui est la cause principale de la chaleur que l'Air nous fait éprouver en été. Cela supposé, ce corps doit perdre de sa quantité naturelle de chaleur. Si cela est, il faut que cette perte soit considérable, lorsque le ſoleil a dardé ſur lui preſque tous les jours de l'été. Neanmoins je trouve qu'un morceau de fer, par exemple, que l'on ploie en tout ſens ſur lui-même, ou que l'on expoſe à la lumière du ſoleil, s'échauffe autant en automne qu'au printemps. On pourroit faire une objection ſpécieuſe contre mon raiſonnement, en me diſant que le corps ſur lequel le ſoleil darde, ayant perdu ſa chaleur pendant le jour, peut la retirer de l'Air & des corps environnants après le coucher du ſoleil, & que ce pourroit bien être une des raiſons pour laquelle les ſoirées & les nuits ſont fraîches. Ce fut pour répondre à cette objection, que je fis l'expérience ſuivante. Je ſuſpendis, le 22 Juin, une plaque de plomb noire en plein air, de manière que le ſoleil pût darder deſſus toute la journée. La plaque fut conſtamment ſi chaude, qu'une main délicate ne pouvoit la tenir long-temps. Deux heures avant le coucher du ſoleil, je roulai la plaque & la mis dans un verre à bière rempli d'eau; je mis à côté un autre verre à bière, aussi plein d'eau : je posai un thermomètre dans chacun de ces verres. La liqueur de celui qui étoit dans le même verre que le rouleau de plomb monta tout de suite un peu, à cause de la chaleur de ce rouleau. Deux heures après, la chaleur fut égale dans les deux verres. J'observai toute la nuit la hauteur des liqueurs. A mesure que l'une baissoit, l'autre baissoit de même. Cependant si l'objection précédente étoit juste, l'eau dans laquelle étoit le rouleau de plomb auroit dû perdre une plus grande quantité de chaleur. Je suis donc très-porté à croire que la lumière du soleil ne manifeste aucune chaleur, tant que son mouvement rectiligne ne rencontre aucun obstacle. Mais si elle est arrêtée par la vertu attractive des corps, sa chaleur devient sensible comme celle de l'*ardeur rayonnante*.

*Des parties constituantes de la Lumière.*

## §. LXIX.

Les rayons de lumière étant convertis en chaleur lorsqu'ils frappent les corps qui les attirent, il paroîtroit d'abord que la lumière n'est autre chose qu'une chaleur mue avec une vélocité incroyable ; car elle dilate comme la chaleur les corps avec lesquels elle s'est combinée : elle communique à nos nerfs la même activité que la chaleur du Feu, & dans cet état de combinaison, elle est invisible, ainsi que la chaleur. Elle ne noircit pas la lune cornée, ne réduit pas le précipité d'or, ne rougit point l'acide nitreux, & la manganèse ne peut y être dissoute. C'est précisément le contraire de ce que j'ai remarqué aux §. LXII, LXIII & LXV : car, en enduisant d'une couleur noire épaisse un verre qui contient ces matières, & en laissant agir, pendant quelques jours, les rayons du soleil, le verre s'échauffe ; mais les ſubſtances qu'il renferme ne ſouffrent aucun changement. Ainſi la lumière que les corps retiennent produit les phénomènes de la chaleur. Il eſt donc plus que probable que la lumière eſt compoſée des mêmes principes que la chaleur.

Mais la lumière étant encore douée d'autres propriétés que la chaleur & l'ardeur rayonnante quand elle peut continuer ſon cours librement, on a droit de penſer qu'elle n'eſt pas ſimplement de la chaleur, ou au moins que les proportions de ſes parties conſtituantes ſont différentes de celles de l'*ardeur* & de la *chaleur*. Les Chimiſtes éclairés ſavent qu'il y a un grand nombre de corps ſuſceptibles d'admettre plus ou moins de phlogiſtique dans leur combinaiſon, dont les propriétés varient d'après la proportion de phlogiſtique qu'ils ont reçue. J'en ai déjà fait mention (§. XXVII), & l'huile de vitriol nous confirme auſſi ce fait. Pourquoi cela ne ſeroit-il pas applicable à la chaleur, étant démontré qu'elle eſt une matière compoſée de phlogiſtique

& d'Air du Feu. Lorſque cet Air s'eſt emparé d'un peu plus de principe inflammable qu'il n'en faut pour produire la chaleur, il en réſulte l'*ardeur rayonnante*. Si la proportion du phlogiſtique augmente encore de quelque choſe, la propriété que j'ai obſervée dans l'*ardeur rayonnante* augmente, la lumière ſe forme : oui, ſans doute, le ſuperbe éclat des différentes couleurs ou des différentes ſortes de lumières, ne dépend que d'un atôme de phlogiſtique de plus ou de moins ; c'eſt la lumière violette & pourpre qui contient le moins de phlogiſtique, parce que le priſme a plus d'affinité avec elle qu'avec les autres eſpèces de lumières. Cette raiſon eſt d'autant mieux fondée, que l'*ardeur rayonnante* (§. LVII), qui contient certainement moins de phlogiſtique que la lumière, eſt auſſi attirée par le verre, mais plus fortement encore. Voici pourquoi l'œil peut fixer plus long-temps les rayons violets que les rayons rouges : dans les rayons rouges, chaque particule de lumière eſt combinée avec un peu plus de phlogistique; ainsi cette lumière, quelque subtile qu'elle soit, doit être composée de molécules plus grandes que la lumière violette, & produire par-là plus d'effet sur nos nerfs optiques. Les rayons violets réduisent plus promptement l'argent corné que les autres (LXVI). Il paroît qu'étant plus fortement attirés par les prismes, leur mouvement en est ralenti; ce qui laisse à la terre d'argent plus de temps pour exercer son attraction, au moyen de laquelle elle décompose la lumière violette.

Je crois donc que chaque molécule de lumière n'est autre chose qu'un atôme d'Air du Feu combiné avec un peu plus de phlogistique qu'une pareille molécule de chaleur.

## §. LXX.

Les expériences rapportées au commencement du §. précédent, m'engagent à demander pourquoi la lumière manifeste des propriétés toutes différentes, après qu'elle a été attirée par les corps,

& que, par cette adhérence, elle a acquis les qualités principales de la chaleur. La réponse seroit facile, si je pouvois démontrer que tous les corps sont susceptibles d'absorber le phlogistique surabondant de la lumière : mais il y en a peu qui aient cette vertu; & supposé que cela fût, il faudroit que tous les corps frappés pendant quelque temps des rayons du soleil, éprouvassent quelques changemens considérables; ce qui n'arrive pas. Il est tout aussi difficile d'expliquer pourquoi l'*ardeur rayonnante* (§. LVII) est convertie en chaleur par les corps qui l'attirent. Les affinités chimiques qui produisent les changemens les plus surprenans dans les corps, n'agissent que lorsque les corps sont en contact dans tous leurs points. La chaleur, en tant que matière, ne sauroit pénétrer un corps : elle est seulement interposée dans ses pores; elle ne touche alors la matière du corps qu'en un petit nombre de points. Si l'on augmente la chaleur, elle le touche en beaucoup plus de parties ; mais elle y est plus condensée. Alors si le corps a, par sa nature, plus d'affinité avec le phlogistique que l'Air du Feu, la chaleur est détruite : c'est ce qui arrive dans la réduction des chaux de métaux parfaits par la simple chaleur ardente, qui n'a lieu que lorsque ces chaux rougissent, ou qu'elles sont prêtes à rougir. Maintenant si j'applique cette théorie à la lumière, cette matière, si subtile & d'un mouvement si rapide, doit toucher les corps en tous leurs points ; & si le corps qu'elle frappe a plus d'affinité qu'elle avec le phlogistique, il faut qu'elle soit décomposée au même instant : mais, si la rapidité de son mouvement a été gênée par la vertu attractive d'autres corps, & qu'elle n'agisse plus que comme la simple chaleur, elle s'interpose alors dans les pores des corps, passe des uns dans les autres, se répand dans ceux qui en contenoient moins, en ne touchant que peu ou point la matière de ces corps ; ainsi elle n'est pas en état de réduire la lune cornée, &c.

## §. LXXI.

### *Du Feu.*

J'arrive maintenant au but vers lequel toutes les expériences précédentes ont été dirigées. Je sais apprécier l'utilité infinie dont la théorie du Feu doit être à un homme qui cherche à acquérir des connoissances exactes sur les propriétés & les parties constituantes de tous les corps. Des expériences, destinées à servir de base & d'interprétation à tant d'autres effets, doivent être faites avec le plus grand soin, pour éviter des systêmes erronés qui ne peuvent manquer de nous jeter dans le vague des incertitudes. Les Chimistes, qui opèrent presque toujours avec le secours du Feu, sont seuls en état d'entreprendre de pareilles expériences. Seuls ils peuvent les garantir; mais il faut nécessairement qu'ils aient reçu de la Nature assez de courage pour ne pas être rebutés par les difficultés sans nombre que présentent les recherches sur le Feu. On est effrayé en faisant réflexion aux siècles qui se sont écoulés, sans qu'on soit parvenu à acquérir plus de connoissances sur ses véritables propriétés.

Cependant, ceux qui desirent connoître les phénomènes de la Nature, ne doivent point se laisser arrêter par les obstacles qu'ils rencontrent sur leur route. Quelques personnes tombent dans un défaut absolument contraire, en expliquant la nature & les phénomènes du Feu avec tant de facilité, qu'il sembleroit que toutes les difficultés sont levées. Mais que d'objections ne peut-on pas leur faire ? Tantôt la chaleur est le Feu, tantôt la lumière est le Feu; bientôt la chaleur est le Feu élémentaire, bientôt elle est un effet du Feu : là, la lumière est le Feu le plus pur & un élément ; là, elle est déjà répandue dans toute l'étendue du globe, & l'impulsion du Feu élémentaire lui communique son mouvement direct ; ici, la lumière est un élément qu'on peut enchaîner au moyen de l'*acidum pingue*, & qui eſt délivré par la dilatation de cet acide ſuppoſé, &c.

Il eſt donc très-important de faire de nouvelles expériences, pour nous tirer de ce labyrinthe : mais, avant d'entrer en matière, il faut que j'explique ce que j'entends proprement par le mot de phlogiſtique.

## §. LXXII.

### *Du Phlogiſtique.*

1°. Le phlogiſtique eſt un véritable élément (18), un principe parfaitement ſimple (*). 2°. Il peut, par ſon affinité

(*) Beaucoup de Phyſiciens croient qu'il eſt une combinaiſon du Feu élémentaire (nom qu'ils donnent à la chaleur) avec une terre ſubtile, qui, ſelon M. Baumé, eſt la terre vitrifiable, & qu'il regarde comme primordiale. Quand cette terre eſt expoſée au Feu, la chaleur s'en ſépare & ſe répand dans l'Air. Ce Feu élémentaire ſe combine-t-il avec l'Air, ou n'y eſt-il que diſperſé ? Pourquoi ne peut on donc pas faire du phlogiſtique avec de la chaleur & de la terre vitrifiable (15) ? M. Baumé prétend que le réſidu

avec de certaines matières, être transmis d'un corps à un autre : alors ces corps subissent des changemens considérables, de manière qu'avec le secours de la chaleur qui y est interposée, ils deviennent fréquemment susceptibles d'entrer en fusion, ou d'être convertis en vapeurs élastiques ; & dans ce rapport, on peut le regarder comme la cause principale de l'odeur. 3°. Très-souvent il dispose les particules des corps, de manière qu'ils attirent, ou tous les rayons de lumière, ou seulement certains rayons, ou même aucun. 4°. En passant d'un corps dans un autre, il ne lui communique ni lumière ni chaleur. 5°. Il

---

charbonneux des huiles distillées est presque le phlogistique pur. Lorsque ce charbon délicat est consumé, il ne reste que très-peu de terre. Il est inconcevable qu'une si petite quantité de terre puisse absorber autant de chaleur ou de Feu élémentaire. Ce qui s'est perdu dans la combustion est le poids de la chaleur : mais l'acide aërien, qui se dégage si abondamment de ce charbon pendant sa combustion, ne pèse-t-il donc rien ?

contracte avec l'Air du Feu une union si subtile, qu'il pénètre très-facilement les pores les plus fins de tous les corps. Cette réunion forme la matière de la lumière & de la chaleur. Dans toutes ces combinaisons, le phlogistique ne subit pas le plus léger changement; il peut encore être retiré de cette dernière combinaison. Il est impossible qu'on l'obtienne seul; car il ne se sépare d'aucun corps, quelque foiblement qu'il y adhère, s'il n'en trouve pas un autre avec lequel il puisse être en contact immédiat.

## §. LXXIII.

### *Des Corps inflammables.*

Les corps qu'on nomme inflammables sont ou durs, ou mous & fluides. Au nombre de ces derniers sont le soufre, le charbon fossile, le zinc, l'ambre jaune, la cire, le camphre, les huiles, l'esprit-de-vin, &c. Le phlogistique est très-abondant dans ces substances; mais il ne leur adhère pas fortement. Une multitude d'expériences paroît démontrer que le principe acide est la matière destinée à contracter une union plus ou moins forte avec le phlogistique. L'objection qu'on pourroit faire à ce sujet à l'égard des terres métalliques, ne me paroît d'aucune importance. Je vois que l'acide arsenical acquiert, avec un peu de phlogistique, l'aspect d'une terre, & avec une plus grande quantité, la forme d'un régule (§. XLI). Que diroit-on, si je pensois que toutes les terres métalliques, & même en général toutes les terres, ne sont que diverses sortes d'acides? L'eau est la terre principale rendue fluide par la chaleur; c'est elle qui fixe les acides, quoique ces deux substances soient toutes deux volatiles. L'acide phosphorique est volatil : on le voit, lorsqu'on laisse consumer du phosphore dans une fiole bouchée; l'acide s'attache de tout côté aux parois, & se laisse sublimer d'un côté à l'autre par une chandelle allumée : mais s'il s'y joint de l'eau, cet acide supporte la chaleur rouge sans s'évaporer. L'acide vitriolique fumant, les acides nitreux & marin fumans, & même le vinaigre concentré, sont rendus fixes par l'eau. Nous ne connoissons, jusqu'à présent, qu'un seul acide qui soit tellement fixé par les vapeurs aqueuses, qu'il mérite le nom d'une terre; c'est l'acide spathique fluor : c'est lui qui forme, avec les vapeurs aqueuses, la terre vitrifiable, terre que la Chimie n'est pas encore parvenue à réduire en ses parties constituantes; il en est de même des autres terres. La propriété qu'ont les terres métalliques d'attirer le phlogistique, doit uniquement dépendre de la matière de leurs acides. Les acides vitriolique, nitreux & phosphorique, l'attirent fortement; les acides marin & spathique l'attirent à peine sensiblement : de-là vient que la terre vitrifiable n'a point d'affinité avec le phlogistique. La combinaison que contractent la plupart des terres avec les acides, ne dépend que d'un peu de phlogiſtique avec lequel ces acides ou ces terres ſont intimément unis. C'eſt la manganèſe qui me donne lieu de tirer cette conjecture ; elle a beaucoup de rapport avec la terre vitrifiable ; elle eſt indiſſoluble aux acides : mais, s'il s'y joint du phlogiſtique, elle obtient toutes les propriétés d'une terre abſorbante (§. LXIV). Si l'on pouvoit ſéparer, d'une manière convenable, des terres métalliques & abſorbantes, le phlogiſtique qui leur adhère ſi fortement, il eſt probable qu'elles manifeſteroient leur nature acide. Quel vaſte champ pour de nouvelles & brillantes expériences ! Mais je m'apperçois que je m'éloigne de mon but.

## §. LXXIV.

Nous connoiſſons aſſez bien les mélanges huileux : nous ſavons quelles ſont les parties conſtituantes du ſoufre & du phoſphore : & quoiqu'il ſoit très-difficile à l'Art d'imiter les huiles végétales & animales, nous avons cependant leurs parties conſtituantes devant les yeux. Si l'on y veut bien réfléchir, on entreverra bientôt la grande difficulté qu'il y a de compoſer des huiles par les moyens dont ſe ſert la Chimie. Quand nous avons détruit totalement les huiles, nous n'y trouvons que du phlogiſtique, de l'acide aërien & de l'eau. Cependant l'on croit qu'elles contiennent un acide qui reſſemble au vinaigre : on en peut même retirer en petite quantité par la diſtillation. Mais, cet acide étant auſſi ſuſceptible d'être détruit & converti de même en eau, en acide aërien & en phlogiſtique, il eſt poſſible qu'il ne ſoit qu'un produit de la diſtillation, formé par l'union de ces trois ſubſtances. Juſqu'à préſent perſonne n'eſt encore parvenu à compoſer des huiles avec du phlogiſtique & des acides végétaux, & il n'y a pas de raiſon pour regarder cet acide compoſé comme principe conſtituant des huiles. Pourquoi donc, pouvant faire du ſoufre, ne ſaurions-nous compoſer de même les huiles? Si on veut combiner le phlogiſtique avec l'acide aërien, il faut ſe ſervir d'une ſubſtance qui contienne du phlogiſtique. Si l'on vouloit en choiſir une qui eût plus d'affinité avec lui que l'acide aërien, on agiroit très-mal-adroitement. Les acides phoſphorique, vitriolique & nitreux, les terres métalliques & l'Air du Feu, décompoſent tous les charbons & les huiles, & dans ces dernières, le phlogiſtique eſt combiné avec l'acide aërien. Le plus ou le moins de terre que contiennent les ſubſtances huileuſes, doit être regardé comme accidentel : la terre y eſt auſſi peu néceſſaire qu'au ſoufre & au phoſphore. Combien cette compoſition ne doit-elle donc pas être difficile ? Il eſt conſtant que les parties conſtituantes des huiles ſont le phlogiſtique, l'acide aërien & l'eau.

## §. LXXV.

### *Le Feu.*

Le Feu eſt cet état où l'Air met certains corps lorſqu'ils ont reçu un certain degré d'*ardeur*, au moyen duquel ils communiquent plus ou moins de chaleur, répandent plus ou moins de lumière, sont réduits en leurs parties constituantes, & totalement détruits, en occasionnant constamment la perte d'une portion considérable d'Air.

### *Première Observation.*

Il résulte de cette définition, qu'on ne sauroit nommer Feu la chaleur rouge des pierres, des terres, des sels, &c, parce qu'elle ne produit dans l'Air d'autres changemens que la dilatation, & qu'il ne faut pas même le concours de l'Air pour faire rougir ces substances.

### *Seconde Observation.*

Le nom de Feu ne convient donc ni à l'*ardeur*, ni à la chaleur ; car il y a bien des manières de le produire sans le concours de l'Air. Il en est de même du foie de soufre, de quelques huiles de lin, du vernis à l'huile, de la limaille de fer, &c.

Ceux-ci font naître à la vérité de la chaleur par le secours de l'Air, & il se perd aussi une partie d'Air (§. LI). Mais, comme il y a défaut de lumière, le nom de Feu ne sauroit convenir.

*Troisième Observation.*

La lumière de certaines espèces de pierres, lorsqu'elles out été échauffées, le phosphore de Bologne, celui de Balduin, la lumière électrique & la lumière du soleil, ne doivent également point être prises pour le Feu : elles ne font subir aucun changement à l'Air, & leur effet a lieu dans le vuide. Au contraire le phosphore de l'urine est un véritable Feu ; il éclaire, il est chaud, il détruit & il absorbe l'Air : aucune de ses propriétés ne sauroit se manifester dans de l'Air corrompu. On s'exprime donc mal, quand on dit que l'eau est composée de molécules de glace & de Feu. Il en est de même de ces expressions : *Le Feu renfermé dans les corps, le Feu du soleil, &c.*

§. LXXVI.

## §. LXXVI.

Je desirerois maintenant soumettre ma théorie sur la formation du Feu, & les phénomènes qu'il nous manifeste, au jugement de mes Lecteurs. Elle est déduite des expériences que j'ai rapportées jusqu'à présent.

1°. Il faut que tout corps inflammable acquière une certaine quantité de chaleur avant d'acquérir le mouvement ignée (*).

(*) La chaleur étant un fluide infiniment subtil & élastique, elle pénètre les interstices des corps inflammables, & rompt leur aggrégation (les huiles sont alors converties en fumée); ce qui donne à l'Air le moyen de les toucher en un plus grand nombre de points : il en résulte le commencement de leur destruction. Plus l'union des parties constituantes est foible, moins il faut de chaleur pour exciter l'inflammation; il n'en faut que très-peu au phosphore. Je coupai environ un gros de phosphore en petits morceaux, pour voir si la lumière de ce corps produisoit en effet une chaleur supérieure à celle de l'Air.

2°. Alors ce corps est en état de laisser échapper son principe inflammable, pourvu seulement qu'il y ait-là une matière qui ait plus d'affinité avec le phlogistique que lui (*).

---

Je posai la boule d'un thermomètre au milieu de ces morceaux : la liqueur commença à monter, & dans un quart d'heure le phosphore s'enflamma, quoiqu'un morceau de phosphore ne s'allume pas de lui-même. Il faut donc que le nombre de surfaces fournisse à l'Air du Feu une plus grande quantité de phlogistique, & qu'il en résulte plus de chaleur; ce qui rend l'explication de cette inflammation facile. Le volatil éther vitriolique s'enflamme, en tenant au-dessus de lui un fer rouge. Il en est de même de l'Air inflammable que l'acide vitriolique dégage du fer ou du zinc. Le soufre exige moins de chaleur que les huiles grasses. L'eau que l'Air contient, est la cause principale de l'inflammation du phosphore dont il sera parlé plus bas.

(*) Si le phlogistique est combiné avec l'acide aërien, il peut en être enlevé par les acides phosphorique, nitreux & arsenical, par les terres métalliques, &c : mais dans ce cas, il ne se forme ni *ardeur*, ni lumière.

3°. Si le corps s'échauffe en plein Air, l'Air du Feu, qui fait partie de l'Air, exerce une attraction plus forte (*).

4°. Aussi-tôt le principe inflammable se fait jour, brise ses fers, & se combine avec cet Air du Feu (**).

---

(*) J'ai démontré, en différens endroits de ce Traité, la grande affinité de l'Air du Feu avec le phlogistique.

(**) Il faut donc nécessairement que le phlogistique abandonne l'acide aérien, quand ce sont des huiles ou des charbons qui subissent ce changement; l'acide vitriolique, quand c'est le soufre; l'acide urineux, quand c'est le phosphore, & les terres métalliques, quand ce sont les métaux : mais il est rare que le phlogistique les abandonne totalement. L'acide vitriolique en conserve encore assez pour produire l'acide sulfureux volatil. L'acide arsenical en retient, après que le régule est consumé, autant qu'il en faut pour être de l'arsenic. Est-il donc étonnant que l'acide arsenical décompose la chaleur, & devienne arsenic (§. XLI)? Pourroit-on douter que la chaleur ne pût convertir l'acide vitriolique en acide sulfureux volatil? Les chaux métalliques retien-

5°. C'eſt de cette combinaiſon qu'eſt formée la chaleur qui adhère à l'Air corrompu, le dilate & l'oblige de s'élever ſelon les loix hydroſtatiques (*).

---

nent aſſurément auſſi quelque portion de phlogiſtique.

(*) Elle adhère à l'Air corrompu (§. LVI, *m*); car tout l'Air du Feu qui étoit mêlé avec cet Air, s'eſt combiné avec le phlogiſtique. Que l'on recueille l'Air qui paſſe ſur des charbons ardens, une lumière s'y éteindra bientôt. Cependant, l'*ardeur* ou la chaleur ne ſont pas toujours compoſées dans l'inſtant par la réunion de ces deux parties conſtituantes : il y en a une portion qui préexiſte dans la plupart des corps, ſi ce n'eſt dans tous. L'on ne ſauroit ſe perſuader que les mêlanges huileux contiennent toute la chaleur qu'on reſſent quand ils brûlent. Les corps ne contiennent que cette chaleur qui peut ſe manifeſter ſans le concours de l'Air : elle y exiſte de deux manières. Tantôt elle remplit les interſtices ſubtils des corps dans leſquels elle s'eſt introduite, pour ainſi dire, comme dans les tuyaux capillaires les plus délicats ; tantôt elle eſt combinée avec certains corps, & forme l'une de leurs parties conſtituantes, ce

6°. A peine cette chaleur a-t-elle été produite, que le corps inflammable en est encore plus dilaté qu'au commencement, & que son phlogistique est mis plus à découvert (*).

---

dont nous ferons mention plus loin. La chaleur interposée dans les pores, est sans effet sensible, parce que l'attraction de la matière s'oppose à son élasticité, d'autant que toutes les expériences paroissent démontrer que tous les effets de la chaleur sur les corps sont dus à la dilatation. Il y a deux manières de délivrer les corps de cette chaleur qu'ils renferment, soit en resserrant encore davantage leurs pores, ce que l'on obtient en frottant un corps contre l'autre, en le pliant, ou en le martelant (ne faut il pas que la chaleur se dégage, lorsqu'on plie & replie un métal en tout sens, puisqu'on ouvre ses pores d'un côté en comprimant ceux du côté opposé?); soit en séparant les parties intégrantes des corps, ce qui s'opère en partie par la fermentation, la pourriture & les dissolutions chimiques.

(*) Plus la chaleur augmente, plus les parties sont subtilement dissoutes. L'Air du Feu trouve plus de surface, & vient par-là en contact avec plus de phlogistique.

7°. L'Air du Feu vient alors en contact avec plus de phlogistique ; & conformément à sa nature, il se combine avec une plus grande quantité de ce principe, & forme l'*ardeur rayonnante* (*).

8°. Dans le même instant, les parties constituantes du corps inflammable sont tellement écartées par l'augmentation de la chaleur, que l'Air du Feu, qui s'y élance en un courant continuel, attire encore le phlogistique en plus grande quantité, & compose cette matière si supérieurement élastique, la lumière, dont les couleurs varient, d'après les

(*) Ne voyons-nous pas que la combinaison de l'acide vitriolique avec peu de phlogistique forme l'esprit de soufre, & avec une plus grande quantité de principe inflammable, le soufre ? L'acide arsenical a la même propriété, ainsi que l'acide nitreux : les terres métalliques, la manganèse, forment avec peu de phlogistique une espèce de terre absorbante, & avec plus de phlogistique, un régule. L'Air du Feu est soumis aux mêmes loix.

proportions de sa combinaison (*).

(*) Quand enfin la chaleur, produite en si grande abondance, a tellement écarté les plus petites molécules des corps huileux, qu'elles ne sont plus susceptibles d'en admettre davantage, il est aisé de croire qu'il faut que leurs parties constituantes soient séparées ; ce qui peut arriver d'autant plus facilement, qu'il y a ici une matière qui est en état d'attirer le phlogistique en grande quantité. L'Air du Feu, qui s'élance constamment en forme de torrent, s'empare d'autant de phlogistique qu'il en faut pour composer la lumière : mais comme le phlogistique n'est pas, en tous les points, en contact parfait avec l'Air du Feu, à cause des acides abandonnés par le phlogistique qui se trouvent mêlés avec la flamme, il faut aussi que cet Air du Feu, qui a différentes proportions de phlogistique (quoique cette différence ne soit que d'une très-petite quantité de molécules de plus ou de moins), il faut, dis-je, qu'il ait différentes propriétés, & qu'il nous montre sur-tout diverses couleurs quand il est séparé par le prisme.

Tous ces phénomènes ; savoir, la chaleur, l'*ardeur rayonnante* & la lumière, sont produits si subitement l'un à la suite de l'autre, qu'il ne faut qu'un clin d'œil pour les appercevoir

## §. LXXVII.

Quant à la faculté de luire de quelques espèces de pierres lorsqu'elles ont

---

& pour les voir disparoître, & reproduire de nouveau de la chaleur & de la lumière. Plus l'Air est comprimé, plus l'Air du Feu est dense: alors il touche les corps inflammables en un plus grand nombre de points; il se produit plus de chaleur & de lumière, & par conséquent, le corps inflammable doit être plus promptement réduit en cendre (20) : un fort courant d'Air & le soufflet nous le prouvent. Lorsqu'il n'y a pas assez de phlogistique dans un mêlange huileux, pour que l'Air du Feu puisse en être saturé, la lumière est bleue, comme on le voit dans la flamme des charbons, de l'Air inflammable, du soufre & de l'esprit de-vin. De certaines vapeurs hétérogènes qui se trouvent dans la flamme, paroissent attirer de certaines espèces de lumières. *Les vapeurs cuivreuses attireroient-elles toutes les espèces de rayons de lumières, excepté les verts & l'alkali minéral, tous les rayons, excepté les jaunes, &c?*

M. Meyer & plusieurs autres, croient que la

été frottées ou échauffées, il me paroît très-vraisemblable que cette lumière se compose seulement. Il n'est pas douteux qu'il séjourne du phlogistique dans le spath calcaire fluor & dans plusieurs autres

---

lumière préexiste dans les corps inflammables, & qu'elle se montre lors de leur destruction: mais ce systême est contraire aux expériences sur la lumière, ainsi qu'aux expériences suivantes. Quand je vois, par exemple, que le foie de soufre se détruit à l'Air libre sans chaleur, sans lumière, tandis que la lumière, même dans ses dilatations les plus subtiles, est encore assez visible dans l'obscurité, j'ai lieu de croire que la lumière est une chose accidentelle dans la combustion du soufre.

J'en suis encore bien convaincu, en voyant que l'esprit de nitre fumant en digestion avec du soufre, le dissout entièrement avec effervescence, sans qu'il paroisse de lumière. Si l'on évapore cette solution, le résidu est de l'huile de vitriol concentrée. Le phosphore même, traité de cette manière avec l'acide nitreux fumant, se dissout très-facilement sans chaleur & sans lumière. Le résidu de l'évaporation est encore ici l'acide urineux pur.

espèces. Que l'on échauffe ces pierres par le frottement ou la chaleur, le phlogistique s'unit à cette chaleur, & en augmente la proportion dans l'Air du Feu; ce qui forme la lumière. Il est bien égal que l'Air du Feu attire tout-à-la-fois autant de phlogistique qu'il en faut pour produire la lumière, ou que la chaleur attire plus de phlogistique pour composer cette matière élastique si subtile. Ceci nous explique encore d'où vient que cette lumière se voit aussi dans le vuide, & que le spath fluor luit dans l'eau très-chaude. Si cette lumière préexistoit dans ces pierres, il faudroit qu'elle devînt visible quand on les décompose. Lorsque la châleur dégage ce phlogistique, la lumière cesse. De-là vient que le spath fluor qu'on a fait rougir un peu & laissé refroidir, n'est plus susceptible de produire de lumière, quand on lui applique de nouveau la chaleur.

La chaleur soutenue, volatilisant en entier le diamant dans des vaisseaux fermés, ne se combineroit-elle pas ici avec le phlogistique abondant que doit contenir le diamant, & qu'elle en expulseroit sous la forme de lumière? Cette lumière claire (21), qu'on observe pendant cette calcination, vient à l'appui de cette opinion.

Ce qui me paroît le plus vraisemblable, par rapport aux phosphores de Baldouin & de Bologne, c'est que ces corps attirent la lumière du soleil ou du Feu. Je n'en puis chercher la raison que dans une certaine grandeur des pores, que les molécules de lumière pénètrent sans être fortement attirées par la matière des corps. L'acide nitreux ou le soufre que ces corps contiennent, peuvent y contribuer. La chaleur, nécessairement un peu plus grossière que la lumière, rendue si élastique par une augmentation de phlogistique, les pénètre, comme en étant plus fortement attirée en raison de sa plus grande densité, & elle en expulse la lumière. Plus il entre de chaleur à-la-fois dans ces pores, plus promptement la lumière en est expulsée, & plus brillante est la lumière du phosphore. J'entrevois ici la raison de ce que ces phosphores un peu échauffés n'attirent pas la lumière tant qu'ils restent chauds : la lumière remplit alors ces ouvertures particulières; l'humidité produit le même effet.

## §. LXXVIII.

Une pierre, mise au Feu, devient d'abord ardente, puis rouge : ainsi elle attire du Feu, non-seulement de la chaleur, mais aussi de la lumière. La lumière qui, dès le commencement, pénètre la pierre en même temps que la chaleur, est convertie en chaleur par la vertu attractive de la matière du Feu, jusqu'à ce que tous les pores soient remplis de chaleur. Alors les pores sont plus dilatés; il en résulte des ouvertures subtiles dans lesquelles la lumière pénètre : elle y est comme imprimée, & la matière de la pierre n'a plus la faculté de la convertir en chaleur par ſon attraction; ainſi la lumière n'eſt que très-lâchement interpoſée : elle peut donc ſe dégager très-facilement de la pierre lorſqu'elle eſt retirée du Feu; auſſi cela arrive-t-il : mais ſi, par un moyen quelconque, on enlève la chaleur à la pierre dès qu'on la retire du Feu, la lumière ſe perd bien plus promptement. Qu'on environne d'eau un fer rouge, elle attirera promptement ſa chaleur. Je ſuppoſe que ce morceau de fer reſtât rouge un quart d'heure à l'Air; il ne le ſera pas une minute dans l'eau, quoique l'eau n'attire pas la lumière beaucoup plus fortement que l'Air : la raiſon en eſt que dès que l'eau a attiré la chaleur de la ſurface du fer, cette ſurface peut tout de ſuite réattirer la lumière & la convertir en chaleur, comme cela arrivoit au commencement lorſqu'on a mis le fer ou la pierre au Feu.

## §. LXXXIX.

Rien n'eſt plus connu que les étincelles

que l'acier tire des pierres dures; mais rien n'eſt plus ignoré que la cauſe de ce phénomène. Je ferai voir dans la ſuite, par des expériences, que les pores du fer ſont pénétrés par une grande quantité de chaleur. Ainſi, lorſque par une pierre dure & tranchante on détache promptement une particule d'acier, la chaleur interpoſée ſort & adhère en partie à la molécule détachée : le phlogiſtique, très-abondant dans le fer, ſe trouve par ce moyen en état de ſe combiner avec un corps qui a plus d'affinité avec lui que la terre du fer; il rencontre l'Air du Feu, qui augmente tellement la chaleur, qu'une plus grande partie de phlogiſtique en eſt dégagée, & qu'il en réſulte la lumière : en un mot, la molécule d'acier s'enflamme; toutes ces apparitions ſe ſuccèdent en un clin d'œil. Si une de ces étincelles tombe ſur un corps lâche qui s'enflamme aiſément, elle échauffe le point ſur lequel elle tombe; elle en dégage le phlogiſtique qui ſe trouve attiré par l'Air du Feu, &

le corps s'enflamme (22). Si ce morceau d'acier rouge eſt un peu plus grand, la chaleur, encore renfermée dans ſon centre, eſt dilatée par la chaleur extérieure; & la réſiſtance d'un ſi petit morceau de fer devant être très-foible, il eſt écarté & diviſé en étincelles encore plus petites: ce ſont-là les petites étincelles latérales que l'on remarque ſi ſouvent quand on bat le briquet. Je dis qu'il faut que cette molécule d'acier ſoit détachée très-promptement. Il eſt aiſé de penſer que lorſque l'opération eſt plus lente, la chaleur qui ſort des pores eſt tout de ſuite réattirée par la pierre & par tout le morceau d'acier, comme étant des corps dont la denſité ſurpaſſe beaucoup celle de l'Air. Ainſi le phlogiſtique ne ſauroit être aſſez dégagé, pour qu'il puiſſe ſe combiner avec l'Air du Feu.

## §. LXXX.

J'avois deſiré depuis long-temps avoir un peu de précipité *per ſe*, pour voir ſi dans sa réduction il donneroit aussi de l'Air du Feu : mon ami le Docteur Gahn m'en donna. Ce prétendu précipité ressembloit à de petits crystaux de cinabre, d'un rouge foncé. Sachant que le mercure ne sauroit être dissous par l'acide marin qu'il n'ait perdu son phlogistique, comme dans sa dissolution par l'acide nitreux ou vitriolique, & que c'est-là ce qui oblige à mettre du nitre dans un mêlange de vitriol calciné, de sel commun & de mercure, je versai de l'acide marin sur une partie de ce précipité rouge : la solution se fit bientôt, & s'échauffa un peu. Je la fis évaporer à siccité, & j'augmentai la chaleur. Tout se sublima, & il se forma un véritable sublimé corrosif. Ainsi ce mercure, précipité par la chaleur seule, n'est autre chose que du mercure calciné. Je mis sur le Feu une autre portion de ce précipité, dans une petite cornue de verre, au col de laquelle j'avois attaché une vessie vuide. Dès que la cornue commença à rougir, la vessie se dilata, &

aussi-tôt le mercure réduit monta dans le col. Il ne s'éleva point de sublimé rouge, comme cela arrive avec la chaux de mercure qu'on prépare avec l'acide nitreux. L'Air obtenu étoit de l'Air du Feu pur. C'est une circonstance particulière, que l'Air du Feu, qui avoit d'abord enlevé le phlogistique au mercure pendant une calcination lente, le lui rende dès que cette chaux commence à rougir : mais nous avons plusieurs faits de cette nature, où la chaleur change les affinités des corps entr'eux.

## §. LXXXI.

### *Du Pyrophore.*

L'explication de l'inflammation de ce produit chymique surprenant, a donné, jusqu'à présent, d'inutiles peines. On sait qu'il renferme une matière qui, en s'échauffant à l'Air libre, force son charbon de s'enflammer. On croit que c'est une huile de vitriol concentrée qui produit cette chaleur, parce que l'humidité l'accélère, & que, sans cet acide, il ne sauroit se former du pyrophore (23). Mais peut-on démontrer qu'il y ait dans le pyrophore un acide vitriolique pur, sans qu'il y soit uni au phlogistique ? Et quelle est la cause de ce que l'huile de vitriol s'échauffe avec de l'eau ? Pourquoi n'y a-t-il pas la plus légère chaleur, lorsqu'on met le pyrophore dans un Air corrompu, qui est en même temps humide, tandis que l'acide vitriolique s'échauffe dans un pareil Air lorsqu'on y joint de l'eau ? Voyons si mes expériences expliqueront ces faits curieux & intéressans. J'avois traité de l'argile avec de l'huile de vitriol pour faire de l'alun; j'obtins un peu d'alun, sans addition d'alkali : mais il me resta un *magma* épais qui ne voulut pas cristalliser. Je me servis d'une partie de ce résidu pour en faire du pyrophore. Lorsque je l'eus calciné comme à l'ordinaire, je trouvai, avec surprise, qu'il ne s'enflammoit pas à l'Air libre, & qu'il n'y produisoit pas la plus petite chaleur. J'en pris une autre portion;

j'y ajoutai un peu d'alkali du tartre, & je la calcinai selon la méthode usitée: j'obtins un bon pyrophore. J'appris donc premièrement qu'un alkali fixe est nécessaire à sa formation, pour qu'il s'unisse avec le soufre qui est produit, & par conséquent, que le foie de soufre jouoit le principal rôle dans cette opération. Je savois cependant que le foie de soufre ne s'échauffe pas à l'Air libre; mais je crus qu'il pourroit s'échauffer sensiblement en le mêlant avec la terre poreuse de l'alun dans le pyrophore. Je mêlai donc une forte solution de foie de soufre avec de l'alun grillé, & je calcinai fortement le mêlange dans un vaisseau de verre clos. mais, après le refroidissement, je trouvai qu'il ne s'échauffoit pas non plus à l'Air. Je répétai cette expérience, avec la seule différence que j'y mêlai un peu de poudre de charbon: la calcination étant achevée, j'obtins un bon pyrophore. J'en conclus qu'il falloit non-seulement du foie de soufre, mais encore du charbon pour le former. Alors je mêlai une cuillerée de tartre vitriolé, en poudre fine, avec trois cuillerées de charbon pulvérisé de même, & je calcinai ce mêlange à grand feu, selon la méthode usitée. Tout étant froid, je trouvai de même un bon pyrophore. On voit que ce pyrophore ne pouvant se former sans alkali fixe, l'alun cristallisant aussi avec l'alkali volatil, il n'est pas étonnant qu'on ne puisse pas faire du pyrophore avec tous les aluns. Je voulus encore savoir si l'humidité étoit indispensable pour que le pyrophore s'enflammât : je préparai un Air très-sec, en mettant dans un petit matras de petits morceaux de chaux vive, en enfonçant le col d'un autre matras dans celui-ci, & en luttant avec de la cire leurs jointures, de manière que l'Air communiquoit dans les deux matras. Deux jours après, j'enlevai le matras vuide ; j'y fis glisser une demi-once de pyrophore, & je le scellai le mieux possible : je n'apperçus point qu'il s'échauffât. Une heure après, je mis dans ce matras une éponge humectée par un peu d'eau; je le fermai. Quelques minutes après, le pyrophore s'échauffa beaucoup, & quelques morceaux s'enflammèrent. Je remplis aussi un matras d'Air corrompu, & j'y mis un peu de pyrophore; j'y ajoutai une éponge humectée: mais il n'y eut point de chaleur. Je le versai ensuite à l'Air libre; il s'enflamma aussi-tôt.

Qu'arrive-t il donc dans cette inflammation? Le pyrophore est formé par le foie de soufre & les charbons. Le foie de soufre attire le phlogistique qui est dégagé, pendant que le mêlange est rouge (je prouverai par la suite que le soufre est susceptible de se combiner avec du phlogistique surabondant). Cette substance, composée d'alkali, de phlogistique & de soufre, ne s'enflamme point sans humidité & sans Air du Feu. L'alkali, en attirant fortement les parties aqueuses, est hors d'état de retenir plus long-temps le phlogistique, sur-tout lorsqu'il se trouve là une matière qui a une grande affinité avec lui : je parle de l'Air du Feu qui s'y porte, & qui se combine avec ce phlogistique si peu adhérent. Il se forme de la chaleur qui, au moyen de l'Air du Feu, dont l'affluence devient plus abondante, suffit pour embraser le soufre & le charbon; & comme, après la combustion du pyrophore, on ne trouve plus de foie de soufre, il faut qu'il se calcine aussi par la chaleur. Lorsqu'on jette le pyrophore dans l'eau avant qu'il se soit enflammé, on obtient une solution hépatique qui précipite en noir le vinaigre de litharge, tandis que la solution du foie de soufre ordinaire le précipite en brun. La première de ces solutions absorbe l'Air bien plus promptement que la dernière: elle contient donc beaucoup de phlogistique.

Je crois qu'on doit expliquer de la même manière l'inflammation qui provient d'un mélange de soufre en poudre & de limaille de fer humectée. L'expérience m'a prouvé que le ſoufre ne ſe combine pas intimément avec le fer, à moins qu'il ne ſe ſépare une certaine quantité de phlogiſtique de ce métal. La terre ferrugineuſe a donc une plus forte tendance à ſe combiner avec le ſoufre qu'avec le phlogiſtique. S'il ſe trouve alors une matière capable de s'emparer du phlogiſtique qui ſe ſépare, il en réſulte des effets conformes à la combinaiſon de ces deux matières.

Mêlez trois parties de limaille de fer nouvelle avec une partie de ſoufre fin, & autant d'eau qu'il en faut pour en faire une pâte épaiſſe : l'eau commence à agir ſur le fer; elle rompt les liens du phlogiſtique ; le ſoufre augmente ſon action; il ſe réunit au fer à demi déphlogiſtiqué : par-là le mêlange prend une couleur noire. Le phlogiſtique expulſé adhère ſi foiblement à la ſurface, qu'il peut en être enlevé très-facilement (§. LIV). S'il s'y trouve de l'Air, l'Air du Feu qui y eſt contenu l'attire; il ſe forme de la chaleur, en raiſon de la quantité des ſurfaces & du peu de conſiſtance du mêlange. Alors elle augmente tellement, par le torrent d'Air du Feu qui s'y porte conſtamment, que le ſoufre ſurabondant s'enflamme, & que toute la maſſe ſe calcine. Mais que devient le phlogiſtique du fer, quand on réunit ce métal au ſoufre dans des vaiſſeaux clos? car cette maſſe, fondue & réduite en poudre fine, humectée avec un peu d'eau, ne s'échauffe pas à l'Air. Si l'on fait attention à ce qui arrive pendant la réunion de ce mêlange au Feu, il ne ſera pas difficile de répondre à cette queſtion. On voit que preſque dans toutes les combinaiſons que les métaux qui en ſont ſuſceptibles forment au Feu avec le ſoufre, le mêlange s'enflamme au même inſtant. Il ſe produit un effet de la même nature, lorſque ces mêlanges ſe font dans des vaiſſeaux clos. Je mêlai trois onces de limaille de fer fine avec une once & demie de ſoufre en poudre fine, & je les mis dans une petite cornue de verre qui en fut remplie

remplie aux trois quarts : j'attachai à ſon col une veſſie humectée & vuidée d'Air (§. XXX, *let. h*), & je poſai peu-à-peu la cornue ſur des charbons ardens. Lorſque le fond de la cornue commença à rougir, les bords de la maſſe brillèrent d'une belle lumière d'un rouge pourpre, qui s'étendit de plus en plus juſqu'à ce que le milieu fût auſſi rouge : alors les bords s'obſcurcirent, & la lumière pourpre du milieu diſparut auſſi-tôt. La cornue reſta toujours dans le même degré de Feu pendant cette apparition : la veſſie fut dilatée, & il y paſſa un Air qui occupoit l'eſpace de huit onces d'eau. C'étoit de l'Air inflammable, ſans aucune eſpèce d'odeur.

J'ai déjà démontré que la lumière ne différoit de la chaleur que par une plus grande quantité de phlogiſtique. Il ne ſe trouve rien dans la cornue avec quoi le phlogiſtique, expulſé du fer par le ſoufre, puiſſe ſe combiner. La chaleur qui augmente, l'empêche totalement d'obéir à la foible attraction qui le feroit adhérer uniquement à la surface; & comme il ne peut se séparer d'aucun corps, sans se combiner immédiatement avec un autre (§. LXXII, n°. 5), la chaleur qui pénètre la cornue s'en charge. Peut-il en résulter autre chose que la lumière? Autant donc qu'il y a de phlogistique chassé du fer, autant il peut se composer de lumière; & lorsque le fer ne fournit plus de phlogistique, la clarté cesse. Mais d'où vient cet Air inflammable dans la vessie? J'en ai déjà parlé plus haut, & je démontrerai bientôt que cet Air inflammable est composé de la matière de la chaleur & d'une quantité de phlogistique plus grande qu'il n'en faut pour produire la lumière. Ceci supposé, il s'ensuit que dans la combinaison du soufre avec le fer, il se forme à la vérité de la lumière; mais, que se trouvant du phlogistique surabondant, il est converti avec un peu de chaleur en Air inflammable. Je rapporterai quelques expériences qui convaincront les personnes qui pourroient avoir quelques doutes sur cette théorie. Je mêlai du safran de mars avec moitié de soufre, & je distillai comme auparavant : je ne vis aucune inflammation, & je n'obtins point d'Air dans la vessie, mais un esprit de soufre volatil. Le crocus devint noir & attirable à l'aimant : il s'étoit consumé très peu de soufre, parce que celui-ci s'étoit presque tout attaché au col de la cornue. Il faut en conclure que la terre du fer, qui a été totalement privée du phlogistique, l'attire, jusqu'à un certain point, plus fortement que l'acide vitriolique ; ce qui produit cet acide sulfureux volatil. Mais on voit en même temps que ce peu de phlogistique n'est pas suffisant pour combiner cette terre ferrugineuse avec le soufre ; il faut qu'il y en ait un peu plus : le fer métallique en contient déjà trop. Je mêlai aussi de la même terre ferrugineuse avec du soufre & de l'eau ; j'en fis une masse creuse : mais ce mêlange ne noircit pas & ne s'échauffa pas à l'Air. Je distillai du soufre avec de la limaille de plomb; j'obtins la même lumière rouge foncée : mais le plomb ne contenant pas autant de phlogistique que le fer, il n'est pas surprenant que je n'aie point eu d'Air dans la vessie. Ceci prouve encore qu'une partie du phlogistique étant chassée du plomb par le soufre, il produit avec la chaleur cette lumière. Je dis une partie ; car, en distillant une chaux de plomb avec du soufre, on obtient un acide sulfureux volatil & de la galène. Il faut donc aussi que le plomb calciné s'unisse d'abord avec un peu de phlogistique, avant de pouvoir se combiner avec le soufre.

## §. LXXXII.

### *De l'Or fulminant.*

Me voici parvenu à un phénomène bien plus surprenant encore, à celui de l'or fulminant. Aurai-je eu le bonheur d'en découvrir la véritable cause ? j'attendrai ce que diront mes Lecteurs des conséquences que je tirerai de mes expériences. Vraisemblablement personne ne doute que l'or ne soit composé d'une terre qui lui est propre & du phlogistique. Nous savons aussi, & les expériences les plus précises nous le prouvent, que l'or est indissoluble dans les acides, s'il n'a pas d'abord perdu son principe inflammable. L'acide marin est celui de tous les acides qui a manifesté le plus d'affinité avec la terre de l'or : cependant il ne sauroit s'unir à cette terre, si on ne lui joint pas une autre matière qui puisse en attirer le phlogistique; c'est ce que fait l'acide nitreux : la volatilité décidée qu'il en acquiert, en est une preuve. L'or est donc attaqué en même temps par deux forces qui opèrent sa dissolution. On peut aussi le dissoudre par l'acide marin déphlogistiqué, qui a autant d'affinité avec le phlogistique que l'acide nitreux. J'ai fait voir la manière de le préparer, au §. LXIV de mon Traité sur la manganèse. Une pareille solution d'or contient l'acide marin pur, parce qu'il a repris à l'or le phlogistique qui lui avoit été enlevé par la manganèse. Néanmoins, si on distille fortement, l'or se réduit, & l'acide marin passe déphlogistiqué dans le récipient. La raison en est que la terre de l'or acquérant, au moyen de la chaleur, une plus forte affinité avec le phlogistique, elle le reprend à l'acide marin. J'ai prouvé, dans ce même Traité, que par l'alkali volatil on obtient de l'or fulminant de cette solution. Ce fait m'applanit une grande difficulté, en me montrant que l'acide nitreux n'est point nécessaire à la production de l'or fulminant. La terre de l'or s'étant séparée de sa solution avec le brillant métallique, je suis assuré qu'elle a repris du phlogistique. Les métaux la précipitent sous cette forme, mais point leurs terres. Les alkalis fixes décomposent la solution d'or, mais lentement. Je nomme terre de l'or, le précipité qui en provient : l'alkali volatil la précipite plus promptement, & c'est ce précipité qui est proprement l'objet de ce §.

*LA terre de l'Or est susceptible de se combiner avec l'alkali volatil : il en résulte une sorte de sel analogue à cette combinaison.*

Je fis digérer trente grains d'or avec un peu d'esprit de sel ammoniac, préparé avec de la chaux ; j'édulcorai cette terre, & la séchai très-doucement : elle pesoit trente-sept grains, & étoit convertie en or fulminant. Je vois, dans une Dissertation sur l'or fulminant, présidée à Upsal par le célèbre Bergmann, que le sel ammoniac donne aussi la propriété fulminante à l'or. Cette Dissertation m'a servi de guide, & m'a beaucoup aidé dans mes recherches. Je fis digérer une dissolution de sel ammoniac de Glauber avec cette terre ; je trouvai cette solution un peu aigrelette, ce qui prouve que l'alkali volatil s'étoit attaché à la terre de l'or, qui, après l'édulcoration, fut un véritable or fulminant. Il suit de-là que l'alkali volatil a plus d'affinité avec la terre de l'or qu'avec les acides.

Je fis diſſoudre de l'or fulminant, bien édulcoré, dans l'acide marin ; je mis dans cette ſolution quelques morceaux de cuivre. L'or réduit ſe précipita en poudre fine : je filtrai la ſolution & je l'évaporai ; après quoi, j'y ajoutai un peu d'alkali du tartre. J'obtins dans le récipient, par la diſtillation, un véritable alkali volatil. Il n'eſt pas fort extraordinaire que la terre de l'or ſe combine avec cet alkali, pluſieurs terres métalliques ayant cette propriété ; ce qui fortifie encore mon opinion, que toutes les terres ſont des eſpèces d'acides (LXXIII).

### L'INFLAMMATION de l'Or fulminant produit une eſpèce d'Air.

Je pris un tube de verre d'un doigt d'épaiſſeur, & long d'une demi-aune, dont l'extrémité étoit terminée en pointes. J'enfonçai le côté pointu du tube dans l'eau, de manière que le tiers en reſta vuide; je bouchai ce tube sous l'eau; je le retirai de l'eau dont j'observai la hauteur dans le tube : alors je tins le tube un peu horisontalement, & j'y introduisis environ un grain d'or fulminant, en observant bien que ce côté vuide ne fût pas mouillé : je fermai aussi cette extrémité avec un bouchon qui joignoit bien; je tins le tube dans la même position au-dessus d'une chandelle allumée, & je chauffai la place où étoit l'or fulminant. Quelques heures après l'inflammation & le refroidissement parfait du tube, j'ouvris son extrémité terminée en pointe; il en jaillit un peu d'eau. Je répétai cette expérience à plusieurs reprises avec le même succès. L'Air produit occupoit l'espace d'un gros & demi d'eau.

Curieux de connoître la nature de cet Air, je mêlai très-exactement un demi-gros d'or fulminant avec trois gros de tartre vitriolé; je mis cette poudre dans une petite cornue de verre, au col de laquelle j'attachai une vessie vuide d'Air,

& je la plaçai sur des charbons ardens. Dès que la chaleur eut pénétré, le mélange devint d'un brun foncé : des vapeurs humides & un peu de sublimé blanc s'élevèrent dans le col de la cornue, & la vessie fut dilatée. La cornue refroidie, je ficelai la vessie & la détachai : le sublimé pesoit environ deux grains, & n'étoit autre chose que du sel ammoniac ordinaire. L'Air de la cornue étoit imprégné d'une odeur d'alkali. Je versai de l'eau chaude sur le résidu; le tartre vitriolé fut dissous: il ne resta qu'une poudre brune, qui étoit de l'or réduit en poudre très-subtile. L'Air renfermé dans la vessie sentoit aussi l'alkali volatil; il occupoit l'espace de six onces d'eau, & ses propriétés étoient, 1°. d'être immiscible à l'eau; 2°. de ne point précipiter l'eau de chaux; 3°. d'éteindre la lumière. Cet Air étoit parfaitement semblable à celui que produit la destruction de l'alkali volatil. J'ai allégué des preuves certaines d'une pareille espèce de destruction de l'alkali volatil, dans mon Traité sur la manganèse. En général, toutes les fois qu'un corps attire le phlogistique de l'alkali volatil, l'une de ses parties constituantes, on obtient toujours cette espèce d'Air. Je me le suis procuré dans la suite de plusieurs façons : savoir, d'un mêlange de safran de mars & de sel ammoniac, distillé dans une cornue munie d'une vessie, & du précipité blanc obtenu du mercure sublimé par l'alkali volatil. Ce précipité est composé de la terre mercurielle, de sel ammoniac & d'un peu d'eau. L'Air, produit par la détonnation du nitre flammant, est, pour la plus grande partie, de cette espèce.

Pour voir s'il contribuoit en quelque chose à l'inflammation de l'or fulminant, je remplis une fiole d'acide aërien; j'y mis un peu d'or fulminant : je fermai la fiole, & je la plaçai à l'obscurité dans du sable chaud. L'inflammation eut lieu comme à l'ordinaire.

Je conclus de ces expériences, que l'or fulminant étant toujours composé d'alkali volatil & de la terre de l'or, que l'inflammation de l'or fulminant ne pouvant avoir lieu sans chaleur, que la chaleur étant formée de phlogistique & d'Air du Feu, que la terre de l'or attirant plus fortement le phlogistique que l'Air du Feu (§. XXXIX); j'en conclus, dis-je, que c'est la chaleur qui produit la réduction de l'or fulminant. Mais, l'Air du Feu se trouvant dégagé, il se combine aussi-tôt avec le principe inflammable de l'alkali volatil desséché, ce sel n'ayant point d'affinité avec l'or : alors il y a plus de phlogistique qu'il n'en faut pour produire de l'*ardeur*; il en résulte toujours de la lumière. L'Air que le phlogistique a abandonné dans l'alkali volatil, recouvre son élasticité; elle est rendue encore plus énergique par le phlegme, le sel ammoniac & l'alkali volatil étant tous convertis à-la-fois en vapeurs élastiques; enfin par la production de l'*ardeur*, il fait effort sur l'Air qui l'environne, & lui communique le mouvement de l'ondulation nécessaire à l'explosion.

Je crois que le ſel ammoniac, obtenu dans la diſtillation, n'appartient pas à l'or fulminant. Sans doute l'or fulminant retient un peu d'acide marin : celui-ci s'en ſépare pendant la diſtillation en même temps que l'alkali volatil, & ce ſel ammoniac ſe forme. Je penſe auſſi que l'or fulminant contient plus d'alkali volatil que l'Air du Feu n'en peut détruire. Je juge que l'Air du Feu eſt en état de décompoſer l'alkali volatil, de ce qu'un morceau de cet alkali, jetté dans un creuſet rougi à blanc, s'enflamme ſur le champ. Je crois encore que s'il étoit poſſible de combiner intimément la terre de l'or avec le charbon, il en réſulteroit de l'or fulminant. Je mêlai de la terre de l'or avec un peu de pouſſière de charbon, dans un petit verre que je mis dans du ſable ardent. Immédiatement après, la terre de l'or fut réduite, & le charbon s'enflamma. *L'ardeur* n'étoit pas cauſe de cette inflammation ; car la poudre de charbon, projettée ſur le même ſable, ne s'embrasa point. Elle s'embraseroit à coup sûr, si l'Air du Feu y étoit plus abondant.

*L'AIR est un acide élastique dulcifié.*

## §. LXXXIII.

J'ai exposé, dans les expériences précédentes, les deux principes prochains de l'Air commun; il n'en falloit pas davantage pour donner une idée nette du Feu. Je vais aller plus loin, & examiner si l'Air est encore susceptible d'autres décompositions.

*Première Expérience.*

Je mis un rat sous un matras qui pouvoit contenir quatre pots d'eau; je lui donnai du pain ramolli par un peu de lait, & je fermai le matras avec une vessie mouillée : il vécut trente-une heures. Je tins le matras renversé sous l'eau, & je piquai la vessie : il s'y introduisit deux onces d'eau. Il est probable que cette foible diminution provenoit de la chaleur du rat, qui avoit fait ſortir de l'Air du matras avant que je puſſe le fermer.

## §. LXXXIV.

### *Seconde Expérience.*

Je pris une grande veſſie ſouple; j'adaptai un tuyau à ſon ouverture : je la remplis avec l'air de mes poumons, en tenant le tube & la veſſie de la main droite & les narines fermées de la gauche. Je reſpirai cet air auſſi long-temps qu'il me fut poſſible : je pus aſpirer vingt-quatre fois (il eſt remarquable qu'à la fin j'attirois en une fois tout l'Air contenu dans la veſſie, tandis qu'il m'en falloit à peine la moitié au commencement); je bouchai avec un doigt le tuyau, & je ficelai la veſſie. L'Air qu'elle contint avoit les mêmes propriétés que celui dans lequel le rat avoit péri : il renfermoit la trentième partie d'acide aërien, que j'en ſéparai avec le lait de chaux; une chandelle allumée s'y éteignit tout de ſuite.

## §. LXXXV.

### *Troisième Expérience.*

J'enfermai quelques mouches dans une fiole dans laquelle j'avois introduit un papier enduit d'un peu de miel : elles crevèrent dans quelques jours, sans avoir absorbé d'Air ; mais le lait de chaux diminua l'Air de la fiole d'un quart, & les trois quarts restans éteignirent le Feu.

Je pris une fiole qui pouvoit tenir vingt onces d'eau ; j'y forai un trou près du fond avec le coin d'une lime rompue (*Fig.* 5, A) ; je mis dans cette fiole un petit morceau de chaux vive, & j'en fermai l'ouverture avec un bouchon, au travers duquel j'avois d'abord fait passer un tube : j'environnai le bouchon d'un grand cercle de poix, sur lequel je renversai un verre à confiture qui contenoit une grande abeille & un papier enduit de miel ; j'enfonçai le verre assez avant dans la poix, pour qu'il ne s'y introduisît point d'Air : je posai la fiole dans la cuve D remplie d'eau, de manière que la moitié de la fiole en étoit couverte; je mis un petit poids sur le verre, pour empêcher la fiole d'être soulevée par l'eau, qui monta tous les jours un peu dans la fiole par la petite ouverture A. J'eus soin de la remuer un peu de temps à autre, pour que la crême qui se formoit sur le lait de chaux se rompît. Dans sept jours, l'eau étoit élevée jusqu'en E, & l'abeille étoit morte. J'ai essayé de mettre deux abeilles à-la-fois dans le verre C: la même quantité d'Air fut convertie en acide aërien dans la moitié du temps. Les chenilles & les moineaux ont fourni les mêmes résultats.

## §. LXXXVI.

### *Quatrième Expérience.*

Je mis quelques pois dans un petit matras tenant vingt-quatre onces d'eau; je les couvris à moitié d'eau, & je fermai le matras: les pois poussèrent des racines, & germèrent. Dans quinze jours, je m'apperçus qu'ils ne profitoient plus. Je tins le matras sous l'eau, & l'ouvris: l'Air n'étoit ni augmenté, ni diminué; mais le lait de chaux en absorba le quart, & le résidu éteignit la flamme. J'ai gardé séparément dans des matras des racines fraîches, des fruits, des herbes, des fleurs & des feuilles: quelques jours après, la quatrième partie de l'Air étoit de même convertie en acide aërien. Les mouches périssent subitement dans cet Air.

## §. LXXXVII.

Il est particulier que les animaux qui ont des poumons, n'absorbent pas sensiblement l'Air, qu'ils ne le chargent que de très-peu d'acide aërien, & que cet Air éteigne néanmoins la flamme, tandis que les insectes & les plantes en convertissent le quart en acide aërien. Je voulus savoir si ce n'étoit pas l'Air du Feu qui avoit été transformé en acide aërien, parce que dans ces expériences il y avoit eu autant d'Air changé en acide aërien, que l'Air commun ou celui des matras contient d'Air du Feu.

## §. LXXXVIII.

*Cinquième Expérience.*

Je mêlai dans une bouteille, de la capacité de vingt onces, une partie d'Air du Feu avec trois parties de l'Air précédent, dans lequel les pois ne croissoient plus, & dont j'avois séparé l'acide marin. J'avois d'abord rempli la bouteille, & j'y avois mis quatre pois; après quoi, j'avois fait couler dans une vessie, contenant de l'Air du Feu, la quatrième partie de cette eau, & le surplus dans une autre vessie qui renfermoit de cet Air corrompu (§. XXX, *let. g*), en observant que les pois ne tombassent pas dans la vessie, & qu'il restât assez d'eau dans la bouteille pour les couvrir à moitié. Je vis les pois s'élever, & lorsqu'ils ne profitèrent plus, je trouvai de même que l'Air n'étoit point abſorbé; mais le lait de chaux en fit diſparoître preſque la quatrième partie. C'eſt donc l'Air du Feu qui eſt converti en acide aërien. Les pois ne croiſſent point dans trois parties d'acide aërien & une partie d'Air du Feu. J'ai mêlé l'Air corrompu du §. XXIX avec de l'Air du Feu; j'ai obtenu le même réſultat, c'eſt-à-dire, que l'Air du Feu fut auſſi converti en acide aërien.

## §. LXXXIX.

*Sixième Expérience.*

Je mêlai, dans la même proportion, l'Air gâté par les pois avec de l'Air du Feu; j'en remplis une veſſie. J'expirai fortement l'Air de mes poumons, & je reſpirai ce mêlange autant de fois que je pus; après quoi, je trouvai qu'il ne renfermoit que très-peu d'acide aërien, & qu'il éteignoit la flamme lorſque cet acide en étoit ſéparé. Je crois qu'il faut attribuer l'effet que les animaux à poumons produiſent ſur l'Air, au ſang contenu dans les vaiſſeaux du poumon. L'expérience ſuivante m'y autoriſe.

Nous ſavons que la ſurface du ſang nouvellement tiré, prend à l'Air libre une belle couleur rouge, & que ſes parties inférieures rougiſſent également, quand l'Air les frappe. L'Air ſubiroit-il ici un changement? Je remplis le tiers d'un matras avec du ſang de bœuf tiré nouvellement; je le fermai hermétiquement avec une veſſie, & je retournai ſouvent le ſang dans la bouteille. Huit heures après, je ne trouvai dans cet Air ni diminution de volume, ni acide aërien; mais la lumière s'y éteignit tout de ſuite. Cette expérience avoit été faite en hiver: ainſi, l'on ne ſauroit attribuer ſon effet à la putréfaction; car, ſix jours après, ce ſang étoit encore frais: d'ailleurs, il n'y a pas de putréfaction, ſans qu'il ſe produiſe de l'acide aërien.

Je deſirois voir encore quels ſeroient

les effets de l'Air du Feu sur les animaux & les plantes.

## §. X C.

### *Septième Expérience.*

[*a*] Je mis deux onces de nitre dans une petite cornue de verre sur des charbons ardens, & j'y adaptai une grande vessie ramollie par l'eau (§. XXXV) : je fis bouillir le nitre, jusqu'à ce que j'eusse obtenu dans la vessie trois quarts de pot d'Air du Feu ; je nouai la vessie, & je la détachai de la cornue. Je mis un tube dans son ouverture, &, après avoir bien vuidé mes poumons, je respirai l'Air de la vessie (§. LXXXIV) ; ce qui se passa fort bien. Je parvins à l'inspirer jusqu'à quarante fois (24), avant que cela me devînt sensible ; enfin je l'expirai de mon mieux. Il ne parut pas avoir beaucoup diminué : la lumière put encore brûler dans un verre rempli de cet Air. Je le respirai de nouveau jusqu'à seize fois : alors

Il éteignit la flamme ; mais je n'y trouvai que peu de vestiges d'acide aërien. [b] Je fus surpris de n'être pas parvenu, par les premières aspirations, à ôter à cet Air la propriété de laisser brûler le Feu. Je crus que la quantité d'humidité pouvoit m'avoir empêché d'aspirer cet Air autant de fois qu'il m'eût été possible : je répétai donc la même expérience, avec la seule différence que je parsemai la vessie d'une poignée de potasse. Je respirai cet Air soixante-cinq fois, avant d'être forcé de cesser. La lumière ne brûla plus que pendant quelques secondes dans cet Air.

## §. XCI.

### *Huitième Expérience.*

Je bouchai le trou A & le tube B de la fiole (*Fig.* 5), & je la remplis avec de l'Air du Feu (§. XXX, *e*). J'avois à la main un verre à confiture, garni de papier enduit de miel, & renfermant deux grandes abeilles. J'ouvris le tube,

& je posai, le plus promptement possible, le verre pardessus, en l'enfonçant dans le cercle de poix. Je plaçai ensuite cet appareil dans la cuve D, remplie de lait de chaux, & je débouchai le trou A. Le lait de chaux s'éleva journellement un peu dans la fiole. Au bout de huit jours, la fiole en étoit entièrement remplie, & les abeilles moururent.

## §. XCII.

### *Neuvième Expérience.*

Les plantes ne profitent guère dans l'Air du Feu. Je remplis de cet Air une fiole tenant seize onces d'eau, dans laquelle j'avois introduit quatre pois : ils poussèrent à la vérité des racines, mais sans s'élever du tout. Le lait de chaux en absorba la douzième partie. Je transvasai cet Air dans une autre fiole qui contenoit aussi quatre pois. Quinze jours s'étant écoulés, les pois avoient des racines, & il y eut de même que la douzième partie de de l'Air d'absorbés par le lait de chaux. Je réitérai cette expérience encore trois fois avec le même Air, & je remarquai que la quatrième & la cinquième fois, les pois s'étoient un peu élevés. Ces expériences faites, il me resta la moitié de la totalité de l'Air, & le Feu pouvoit encore y brûler. Il n'est pas douteux que si j'eusse continué cette manœuvre, tout l'Air du Feu eût été converti en acide aërien. Il est remarquable que les pois, pendant qu'ils poussent des racines, ont plus d'action sur l'Air du Feu qu'ils n'en ont après.

## §. XCIII.

C'est donc l'Air du Feu qui entretient si bien la circulation du sang, & des sucs des animaux & des plantes. Il est surprenant que les poumons ne produisent pas sur l'Air du Feu le même effet que les insectes & les plantes. Celles-ci le convertissant en acide aërien & les poumons en Air corrompu (§. XXIX, LXXXIX, XC), il est difficile d'en dire la raison:

je l'essaierai cependant. Nous savons que l'addition du phlogistique aux acides les prive de leurs propriétés ; le soufre, l'acide nitreux volatil, le régule d'arsenic, le sucre, &c, le prouvent. Je suis tenté de croire que l'Air du Feu est composé d'un acide infiniment subtil & de phlogistique ; & il me paroît vraisemblable que tous les acides doivent leur origine à l'Air du Feu. Lors donc que cet Air pénètre les plantes, elles doivent attirer le phlogistique, & mettre à découvert l'acide que les plantes exhalent ensuite sous la forme d'acide aërien.

On ne sauroit m'objecter qu'on obtient, par la destruction des plantes, une si grande quantité d'acide aërien, qu'il faut bien qu'elles attirent cet Air : car, si cela étoit, l'Air des phioles qui renfermoient mes pois, se seroit presqu'entièrement perdu. Rappellons-nous ce que j'ai démontré sur les parties constituantes de la chaleur & de la lumière, & observons qu'aucune plante ne pouvant croître sans la chaleur, il eſt aſſez naturel qu'elles la décompoſent auſſi-bien que la lumière (25): car cette décompoſition n'exige qu'une ſéparation parfaite du phlogiſtique d'avec ces matières délicates; ſéparation qui peut être effectuée par les tuyaux capillaires qui ſont ſi ſubtils. Ce phlogiſtique, en retenant très-peu d'acide & ſe mêlant avec un peu d'eau, ſe convertit en huile. Deux choſes contribuent à me le faire croire: la réſine verte, qui ſe forme, après quelques jours d'expoſition au ſoleil, dans les plantes qu'on retire preſque blanches d'une cave obſcure; & la production de l'Air inflammable, qui n'eſt qu'une huile très-ſubtile. Cependant on pourroit me dire, que ſi les plantes attiroient effectivement le phlogiſtique de l'Air, l'acide aërien devroit être plus léger que l'Air; ce qui eſt contraire à l'expérience, puiſqu'il eſt réellement plus peſant. Mais cette objection ne détruit pas mon opinion: car tous les acides retenant avec opiniâtreté l'eau, l'acide aërien doit avoir la même propriété, & par conséquent son plus grand poids peut être attribué à l'eau. Il me reste encore à expliquer pourquoi le sang & les poumons ne transforment pas l'Air du Feu en acide aërien, comme les insectes & les plantes. Voici ce que je pense à cet égard. Le phlogistique, qui rend fluides, élastiques & mobiles, la plupart des corps avec lesquels il se combine, doit faire le même effet sur le sang. Les globules rouges l'attirent par les pores subtils des lobes du poumon; il les divise, les rend plus fluides; il anime leur couleur (§. LXXXIX) : la circulation les débarrasse de ce phlogistique, & les met en état d'absorber de nouveau celui de l'Air, dans le poumon où elles sont les plus immédiatement en contact avec lui. J'invite les Savans à faire des expériences, qui les mettent en état de décider ce qu'est devenu ce phlogistique pendant la circulation du sang. L'attraction que le sang exerce sur le phlogistique, n'est sans doute pas aussi considérable que celle des plantes & des insectes, & c'est pourquoi il ne sauroit changer l'Air en acide aërien: cependant il le convertit en Air corrompu, qui tient le milieu entre l'Air du Feu & l'acide aërien; car cet Air ne se combine ni avec la chaux, ni avec l'eau, comme l'Air du Feu & il éteint le Feu comme l'acide aërien. J'ai encore une expérience en réserve, pour prouver que le sang attire effectivement le phlogistique (26); c'est d'avoir enlevé à l'Air inflammable son phlogistique par mes poumons, & de l'avoir transformé en Air corrompu.

J'ai rempli une vessie d'Air obtenu d'un mêlange de limaille de fer & d'acide vitriolique (§. XXX, *let.* c); je le respirai de la manière décrite au §. XLVIII: je pus à peine faire vingt aspirations; &, après m'être un peu remis, j'expirai l'Air le mieux qu'il me fut possible: je le respirai de nouveau. Je fus forcé, après dix aspirations, de cesser: cet Air ne s'enflammoit plus & ne se combinoit point avec l'eau de chaux; en un mot, c'étoit de l'Air corrompu. J'ai entretenu, pendant une demi-heure, en ébullition continuelle, un morceau de soufre que j'avois mis dans une cornue qui pouvoit contenir douze onces d'eau, à laquelle j'avois adapté une vessie au lieu de récipient, & que j'avois disposée de manière, que le soufre qui s'élevoit dans le col pût retomber dans la cornue. Après le refroidissement, l'Air n'étoit ni augmenté, ni diminué; il avoit un peu d'odeur hépatique, & éteignoit une lumière. Je démontrerai plus loin que le soufre est susceptible de s'emparer encore de phlogistique; & cette expérience semble prouver, qu'un peu de phlogistique de l'Air s'est attaché au soufre, & que par cette privation cet Air a acquis la nature de l'Air corrompu. Il est cependant remarquable que d'autres substances, qui attirent encore plus fortement le phlogistique, telles, par exemple, que l'acide nitreux fumant, ne l'enlèvent pas à l'Air. Il est encore ſurprenant que je n'aie pu aſpirer l'Air inflammable que vingt fois ; & j'obſerve, comme une choſe extraordinaire, ſi je ne me trompe, qu'environ un quart d'heure après j'éprouvai une forte chaleur. Remarquons de plus que l'Air du Feu, corrompu par les poumons, éteint le Feu. Pourquoi l'acide aërien n'attire-t-il pas de nouveau le phlogiſtique ? pourquoi l'Air corrompu ne l'attire-t-il point ? M. Prieſtley dit avoir transformé l'acide aërien en Air ſalubre, au moyen d'une mixtion de limaille de fer & d'un peu d'eau. Chaque fois que j'ai voulu répéter cette expérience, l'acide aërien a toujours été abſorbé par la limaille. J'ai réduit en poudre fine la limaille fondue avec le ſoufre ſurabondant ; je l'ai humectée avec de l'eau, & je l'ai gardée dans une bouteille remplie d'acide aërien, mais avec le même réſultat : l'acide aërien fut preſqu'entièrement abſorbé dans deux jours. M. Prieſtley aſſure encore qu'en ſecouant dans l'eau l'Air corrompu, il l'avoit rétabli : j'ai auſſi échoué dans cette expérience. Je remplis le quart d'un matras d'Air corrompu & le ſurplus d'eau fraîche ; je fermai exactement le matras, & le ſecouai en tout ſens pendant preſque une heure ; après quoi, la lumière s'éteignit encore dans cet Air. M. Prieſtley eſt parvenu à mêler avec l'eau l'Air inflammable des métaux : je n'ai pu y réuſſir, quoique je ne me fuſſe ſervi que de peu d'Air inflammable & de beaucoup d'eau. Il a encore obſervé que les plantes rendoient ſalubre l'Air corrompu (27), tandis qu'il ſuit au contraire de mes expériences qu'elles gâtent l'Air. J'ai tenu dans l'obſcurité, & j'ai expoſé à la lumière du ſoleil, des plantes dans un matras rempli d'Air corrompu, exactement fermé (cette précaution de bien fermer le matras doit toujours être obſervée) : j'ai eſſayé tous les deux jours un peu de cet Air, & l'ai toujours trouvé corrompu.

## §. XCIV.

L'eau a la propriété particulière de décomposer les principes prochains de l'Air, de se combiner avec l'Air du Feu, & de ne contracter aucune union avec l'Air corrompu. 1°. Je remplis une grande bouteille d'eau bouillie, à peine refroidie, & j'en versai la dixième partie : alors je tins sous l'eau la bouteille, ouverte & renversée. Chaque jour l'Air diminuoit dans la bouteille ; &, cette diminution finie, je transvasai le résidu de l'Air dans une vessie (§. XXX, *h*), & de la vessie dans une fiole (§. XXX, *e*) : j'y introduisis une lumière : à peine étoit-elle à l'entrée de la fiole, qu'elle s'éteignit. 2°. Je pris ensuite l'eau dont j'avois enlevé l'Air ; j'en remplis une bouteille, & j'en fis couler la dixième partie dans une vessie pleine d'Air corrompu : je renversai ma bouteille dans une cuve d'eau, & j'observai l'espace que l'Air occupoit dans la bouteille. Quinze jours après, l'eau n'en avoit rien abſorbé. 3°. Je mis une grande bouteille ſans fond dans une chaudière profonde, de manière que l'eau de la chaudière ſurpaſſoit la tête de la bouteille, à laquelle j'attachai une veſſie vuidée d'Air, & je laiſſai jetter un ſeul bouillon à l'eau. L'Air contenu dans l'eau, qui étoit renverſée dans la bouteille, monta dans la veſſie, que je nouai & détachai de la bouteille. Je remplis une fiole de cet Air, & j'y introduiſis une petite lumière : elle y brûla plus vivement que dans l'Air commun.

Cet Air du Feu, diſſous dans l'eau, eſt auſſi indiſpenſable aux animaux aquatiques qu'aux animaux terreſtres : ils l'attirent dans leurs corps & le convertiſſent en Air corrompu ou en acide aërien. Quelle que ſoit cette transformation, il faut néceſſairement que cet Air abandonne l'eau, l'eau ne retenant pas l'acide aërien à l'Air libre, & ne ſe combinant point avec l'Air corrompu (n°. 2), de manière qu'elle eſt de nouveau en état de diſſoudre de l'Air du Feu & de le fournir aux animaux. Mes expériences font d'accord avec ces idées. Je laiffai mourir quelques fangfues dans une bouteille à moitié remplie d'eau & bien fcellée. J'examinai l'Air qui étoit au-deffus de cette eau : il n'avoit pas plus d'odeur qu'elle ; il parut s'être augmenté un peu, & il éteignoit le Feu. Il femble que ces animaux vivent uniquement du phlogiftique de l'Air du Feu, & peut-être auffi de celui de la chaleur. J'en confervai pendant deux ans dans la même eau : le verre n'étoit couvert que d'un fimple crêpe.

Il m'eft facile de découvrir la préfence de l'Air du Feu dans l'eau. Je prends, par exemple, une once d'eau ; j'y verfe environ quatre gouttes d'une folution de vitriol de mars & deux gouttes d'alkali du tartre, affoibli par un peu d'eau : il en réfulte auffi-tôt un précipité d'un verd foncé, qui jaunit quelques minutes après, lorfque l'eau contient de l'Air du Feu : mais dans l'eau bouillie & refroidie, fans avoir eu de communication avec l'Air libre, ou dans l'eau distillée depuis peu, le précipité conserve sa couleur verte, & ne jaunit qu'une heure après; &, s'il est gardé dans des flacons pleins & sans aucune communication avec l'Air, il ne jaunit point. J'ai déjà prouvé (§. XV) que la couleur du précipité verd du fer doit être attribuée au phlogistique, adhérent encore à sa terre : d'où il suit que l'Air du Feu est en état d'attirer le phlogistique, quoiqu'il ne soit pas sous sa forme élastique. Voici une expérience qui démontre aussi que les animaux aquatiques attirent de l'eau l'Air du Feu. Je mis une sangsue dans une fiole toute remplie d'eau, & préservée de l'accès de l'Air : deux jours après, elle étoit presque morte. J'en examinai l'eau par la méthode indiquée, & je trouvai que le précipité conservoit sa couleur verte. Le gonflement des pois dans l'eau froide doit être principalement attribué à cet Air du Feu que l'eau contient. Remplissez un flacon d'eau; mettez-y quelques pois : dans vingt-quatre heures vous trouverez l'eau chargée d'acide aërien, mais point d'Air du Feu. Les pois ne gonflent que peu dans l'eau bouillie & refroidie ; ce qui m'explique pourquoi l'eau décantée de dessus les plantes perd non-seulement son odeur, mais dépose aussi une substance visqueuse lorsqu'on ouvre souvent les bouteilles, tandis que ces eaux gardent toujours leur odeur & leur limpidité dans des verres pleins. Toutes les plantes communiquent à l'eau quelques parties visqueuses qu'elle retient en la transvasant. L'Air du Feu est la principale cause de ce dépôt. En rentrant dans l'eau, il attire le principe inflammable de cette substance subtile, huileuse & visqueuse, & il change la nature de l'eau.

*LA chaleur est une partie constituante de différens corps.*

## §. XCV.

Je pense, d'après le §. XCIII, ne pas

me tromper, en admettant que l'Air du Feu est un fluide élastique dulcifié, un acide subtil, combiné avec un peu de phlogistique, susceptible de varier ses propriétés, suivant le plus ou moins de principe inflammable auquel il est uni. Ainsi la chaleur est aussi un acide particulier qui contient une certaine quantité de phlogistique : elle doit, conformément à sa nature, se combiner avec des substances qui ont de l'affinité avec les acides ou le phlogistique. Les effets résultans de ces combinaisons, sont donc principalement dus à la chaleur; les alkalis, les terres absorbantes, les chaux métallic . s, sont les matières qui se combinent reellement avec la chaleur, & qui, par ce moyen, forment avec elle différentes sortes de sel neutre. Il en résulte de plus que ces corps sont contraints de laisser échapper la chaleur, cette matière sulfureuse subtile, dès qu'ils s'unissent à un autre corps avec lequel ils ont plus d'affinité: tous les acides, même l'acide aërien &

quelquefois l'eau simple, peuvent produire cette décomposition, selon que la chaleur leur est plus ou moins intimement unie.

Prenez des sels neutres dont on puisse séparer l'acide par la chaleur seule, tels que les alkalis fixes, le spath calcaire, la magnésie blanche, les terres métalliques, la chaux & la magnésie dissoute dans l'acide nitreux, la magnésie dissoute dans l'acide marin, &c. Faites-les rougir à blanc, pendant une demi-heure, dans des vaisseaux ouverts ou clos, pour les calciner, & conservez-les, après leur refroidissement, dans de petits flacons bouchés : ce seront les mêmes espèces de terres qu'avant la calcination; avec la différence qu'au lieu d'être combinées avec les acides nitreux, marin & aërien, elles le seront avec la chaleur. Les unes sont susceptibles de retenir plus de chaleur que les autres; aussi leurs propriétés diffèrent en raison de leur quantité de chaleur, comme la proportion de l'acide aërien

& des autres acides influe sur les propriétés de plusieurs terres capables de recevoir plus ou moins de ces acides. Celles qui ont attiré le plus de chaleur, sont non-seulement solubles dans l'eau, mais y perdent encore leur chaleur. Cette chaleur, en qualité d'acide subtil, agit en cela comme plusieurs autres acides, tels que les acides phosphorique, arsenical, spathique & aërien, qui, parfaitement saturés par les terres, produisent des sels indissolubles à l'eau, tandis qu'elle dissout facilement ces sels lorsqu'ils sont formés avec excès d'acide. Les alkalis fixes, la chaux, la terre du spath pesant (*), sont du nombre de ces sels, & deviennent solubles dans l'eau, au moyen de la chaleur avec laquelle ils

---

(*) La terre du spath pesant est une espèce de terre particulière qui, calcinée, se dissout dans l'eau comme la chaux; mais cette eau décompose la solution de gypse. Il en résulte un précipité qui est du spath pesant régénéré. Cette terre est fusible au Feu, & forme, avec les acides nitreux & marin, des sels neutres qui se

ſort combinés, & l'eau en expulſe la chaleur ſurabondante : de là vient qu'elles s'échauffent avec elle, quoique je n'aie pas obſervé que la terre du ſpath peſant produiſe une chaleur ſenſible avec l'eau. La chaux ſe précipite de l'eau en état de chaux. Verſez de l'alcohol dans de l'eau de chaux, il précipitera la chaux qui ſera ſuſceptible d'une nouvelle diſſolution dans l'eau ; ce qui prouve que la chaleur fait la fonction de menſtrue dans la chaux, qui reſte toujours un ſel indiſſoluble dans l'eſprit-de-vin, & c'eſt par cette raiſon que la chaux vive ne s'échauffe point dans l'eſprit-de-vin. Les acides peuvent diſſoudre les terres calcinées dont nous venons de parler, & y occaſionner une chaleur véhémente, parce qu'ils décompoſent le ſel neutre en queſtion, & qu'ils expulſent entièrement la chaleur. Mettez un ther-

---

criſtalliſent & qui ne s'humectent pas à l'Air. La ſolution de gypſe décompoſe auſſi ces ſels, & en régénère de même du ſpath peſant.

momètre dans l'eau de chaux, & verſez-y un peu d'eau ſaturée d'acide aërien; la liqueur du thermomètre s'élevera un peu. Si les acides qu'on verſe ſur les terres calcinées ou ſur les alkalis ſont combinés avec des terres abſorbantes, il n'en réſulte pas de chaleur, quoique cette ſubſtance en ſoit réellement chaſſée, parce qu'il ſe fait ici une double décompoſition. Nous reproduiſons une véritable chaux, en mêlant une ſolution de ſel ammoniac fixe & de l'alkali très-cauſtique : la chaleur ſe combine avec la terre calcaire, & l'acide marin avec l'alkali. Verſez ſur cette chaux un acide, & vous ſentirez tout de ſuite du chaud. Si la terre calcaire renferme plus de chaleur que d'autres terres, qui, malgré qu'elles ſoient fortement calcinées, ſont indiſſolubles à l'eau, il faut qu'en décompoſant le ſel d'Epſom, par exemple, par le lait de chaux, l'acide vitriolique ſe combine avec la terre calcaire, & la chaleur avec la magnéſie: mais, celle-ci ne pouvant attirer autant de chaleur que la chaux, le superflu de cette chaleur se mêle avec l'eau. Je laissai, pendant une heure, un thermomètre dans du lait de chaux; après quoi, j'y ajoutai de la solution de sel d'Epsom : la liqueur s'éleva aussi-tôt dans le tube. Les terres métalliques, quoiqu'elles soient indissolubles à l'eau, doivent néanmoins attirer une grande quantité de chaleur, à en juger par la grande augmentation de pesanteur qu'elles acquièrent dans leur calcination, soit que pendant la calcination elles aient attiré l'Air du Feu par l'action de leur phlogistique, produit par le moyen de la chaleur, soit qu'elles aient abandonné leur phlogistique à l'Air, & attiré la chaleur du Feu. Il suffit qu'il y ait de l'Air du Feu dans ces chaux, pour lui attribuer leur excès de pesanteur. Je dis que ces chaux doivent attirer une grande quantité de chaleur; car on peut, avec excès de chaleur, les rendre dissolubles à l'eau. Je pulvérisai de la litharge fraîche; j'y versai une solution de sel ammoniac fixe, étendue dans de l'eau : je mis le tout dans une fiole que je secouai souvent. Pendant l'intervalle de quelques heures, la solution déposa de la terre calcaire, & j'obtins une bonne eau de chaux qui se décomposa à l'Air, & précipita en jaune le sublimé corrosif. En faisant digérer une solution de sel marin avec la litharge, on obtient un sel alkali minéral caustique. Les corps, combinés avec excès de chaleur, comme les alkalis, la chaux, la litharge, ont de l'affinité avec le phlogistique des mélanges huileux : ils dissolvent les huiles grasses & le soufre, & en forment des savons. En versant un acide dans une solution de savon, l'acide se combine avec l'alkali, la chaleur se dégage, & cette chaleur n'étant pas sensible, il faut bien qu'elle se combine de nouveau. Elle rencontre l'huile avec laquelle elle s'unit, & cette huile acquiert, par son moyen, la propriété particulière de se dissoudre en grande quantité dans l'esprit-de-vin, & de former un savon particulier avec l'eſprit de ſel ammoniac volatil, préparé avec de la chaux; propriétés qu'acquièrent auſſi les huiles graſſes, après quelques diſtillations, parce qu'elles s'emparent, pendant ces diſtillations, de la chaleur du Feu. La chaleur s'interpoſe encore dans les pores de certains ſels, comme dans le vitriol calciné à blanc, dans le ſel ammoniac fixe, dans la terre foliée du tartre, &c; mais l'eau peut l'en expulſer. L'acide vitriolique concentré & l'acide phoſphorique, étant aſſez fixes au Feu, ſont ſuſceptibles de recevoir une bonne portion de chaleur; & quoique les autres acides minéraux ne puiſſent l'attirer du Feu, faute de fixité, ils ne ſont pas moins propres à ſe combiner avec elle en grande abondance. Ils reſſemblent en cela à l'alkali volatil : car, lorſqu'on diſtille le ſel ammoniac avec un alkali fixe cauſtique ou de la chaux vive, la chaleur de ce ſel cauſtique ſe combine avec l'alkali volatil, & l'acide du ſel ammoniac avec la chaux. Si cet alkali volatil rencontre un acide, la chaleur en eſt très-ſenſiblement chaſſée. Il en eſt de même des acides minéraux foibles. Verſez dans une cornue de l'huile de vitriol ſur du ſel marin; adaptez un récipient qui contienne un peu d'eau au col de la cornue : l'eau s'échauffera ſans Feu; car l'acide vitriolique ſe combine avec l'alkali du ſel marin, ce qui en dégage la chaleur qui ſe joint auſſi-tôt avec l'acide marin : mais elle ſera contrainte de l'abandonner, dès qu'il ſe ſera combiné avec l'eau du récipient. Ce fait explique le phénomène ſuivant. L'huile de vitriol, verſée ſur du ſel, bouillonne en reſtant froide, tandis que ſes vapeurs s'échauffent dans l'Air. Je ſuis convaincu que cette chaleur n'eſt pas un nouveau produit, mais qu'elle provient uniquement de l'humidité de l'Air. Le bouillonnement n'a rien d'extraordinaire, car l'acide marin ſec eſt toujours élaſtique. L'eſprit de nitre fumant s'échauffe auſſi avec l'Air & l'eau. Il eſt remarquable que la chaleur dégage quelques acides, &

que ces acides chaſſent à leur tour la chaleur ſans le concours du Feu.

On connoît en Chimie pluſieurs affinités ſemblables que la chaleur renverſe de même. Peut-être l'expérience ſuivante nous éclaircira-t-elle ce point. Je remplis une fiole d'acide aërien ; j'y mis un peu de chaux bien pulvériſée & nouvellement calcinée ; je bouchai exactement la fiole, & je la renverſai dans un vaſe contenant de l'huile. Huit jours après, j'ouvris ſous l'eau ma fiole renverſée, & je vis, avec ſurpriſe, qu'il n'y entra point d'eau : mais, dès qu'il put s'y en introduire un peu, l'Air fut abſorbé. Ces eſpèces de ſels perdroient-elles d'abord leur eau par la chaleur, & les acides deſſéchés auroient-ils alors moins d'affinité avec les ſubſtances abſorbantes que la chaleur ? Ces obſervations prouvent la grande difficulté d'obtenir un acide ou une terre pure, & je ne crois pas me tromper, en avançant que perſonne n'y eſt encore parvenu.

## §. XCVI.

### *De l'Air inflammable.*

Si la chaleur est un acide subtil, elle doit être susceptible de se combiner avec plus ou moins de phlogistique ; &, quoique tous les acides n'aient pas la propriété d'attirer le phlogistique en grande quantité, la plupart cependant sont en état de s'en charger avec excès. La chaleur est du nombre de ces derniers : elle devient lumière avec très-peu de phlogistique de plus, & forme avec plus de phlogistique encore l'Air inflammable. Le fer est formé d'une terre qui lui est propre, combinée avec une certaine portion de phlogistique & de chaleur. Tous les métaux ont cela de commun avec lui, & leur différence ne consiste que dans leur terre, qui, d'après leur nature, se trouve unie avec plus ou moins de phlogistique. Il n'entre pas dans mon plan d'examiner si la chaleur doit être regardée comme un véritable principe constituant

constituant des métaux, ou si elle ne remplit que leurs pores ; il me suffit qu'elle existe dans les métaux. Plus un métal contient de phlogistique, plus il a de chaleur : aucun métal n'est dissous par les acides, que ce ne soit par les loix d'une double affinité. Les acides se combinent avec leurs terres, & le phlogistique dégagé s'unit à ces mêmes acides : mais, si ces acides n'ont pas d'affinité avec le phlogistique, l'Air l'attire, &, à son défaut, il se joint à la chaleur qui est expulsée dans le même moment des métaux par les acides. Il en résulte alors des effets propres à de semblables composés.

Lorsque l'huile de vitriol, délayée dans l'eau, rencontre le fer, elle se combine d'abord avec sa terre : mais cet acide affoibli n'ayant pas une affinité décidée avec le phlogistique, & l'Air ne pouvant pas parvenir jusqu'au fer enveloppé par l'acide, il ne reste d'autres ressources au phlogistique que de se combiner avec la chaleur du fer, & de produire avec elle de l'Air inflammable. La chaleur qui se fait sentir pendant cette dissolution, est celle qui n'a pas pu toucher le phlogistique assez immédiatement pour être convertie en Air inflammable. Si le phlogistique peut se combiner avec un autre corps, le chaud sera bien plus considérable, parce que la chaleur sera dégagée du phlogistique. C'est ce qui arrive lorsqu'on verse de l'acide nitreux sur de la limaille de fer. L'acide marin ne manifestant pas une grande affinité avec le phlogistique, il en est de cet acide comme de l'acide vitriolique : l'étain & le zinc donnent, avec ces acides, les mêmes résultats que le fer.

L'acide nitreux ne détruit pas l'Air inflammable. J'ai rempli un verre de ce dernier, & j'y ai versé un peu d'acide nitreux fumant : l'acide ne rougit point, l'Air ne fut pas absorbé ; &, quelques jours après, il s'enflamma encore comme auparavant.

Je cite cette expérience, pour prouver que l'Air inflammable n'existe pas tout formé dans les métaux. Si cela étoit, l'acide nitreux pourroit l'en dégager, comme il dégage l'acide aërien de la craie.

L'Air inflammable étant composé de chaleur & de phlogistique, il n'est pas surprenant que cet Air semble disparoître entièrement avec l'Air du Feu, & qu'il ne laisse même aucun vestige d'acide aërien ou d'autres substances de cette nature pour résidu (§. XIX, XLVI) (28), lorsque son phlogistique se combine avec l'Air du Feu. L'eau toute simple peut produire de l'Air inflammable avec le fer: la mousse, qui paroît toujours à la surface d'une eau qui a séjourné quelques semaines sur de la limaille de fer en la remuant un peu, n'est autre chose que de l'Air inflammable. On obtient encore cet Air en distillant de la limaille de fer avec du sel ammoniac. Et en effet, comment le phlogistique resteroit-il dans le fer, tandis que l'acide marin se combine avec sa terre, & que l'alkali volatil n'a point d'affinité avec le principe inflammable? Je peux désabuser ceux qui seroient tentés de croire que les acides contribuent à la formation de l'Air inflammable. Mêlez de la limaille de zinc avec un peu d'alkali fixe caustique dans une cornue de verre munie d'une vessie, & distillez; l'alkali attaquera la terre du zinc, & vous aurez de l'Air inflammable dans la vessie. Il en sera de même en faisant digérer du zinc avec de l'esprit de sel ammoniac.

L'alkali fixe caustique étant composé de chaleur & d'alkali pur, on comprend qu'en le mettant avec une substance inflammable, dont l'acide, combiné avec le phlogistique de cette substance, soit attiré par l'alkali avec une force supérieure à celle qui le lie au phlogistique, il en résultera une double décomposition, & que la chaleur de l'alkali produira avec le phlogistique de l'Air inflammable. Le soufre ne conviendroit pas dans cette expérience : son acide retient le phlogiſtique trop fortement, pour que l'alkali parvienne à le ſéparer de l'acide vitriolique. Le charbon y eſt le plus propre; c'eſt un ſoufre formé de phlogiſtique & d'acide aërien. Si on le broie avec de l'alkali rendu cauſtique par la chaux ou le Feu, & qu'on diſtille à Feu nud dans une cornue de verre garnie d'une veſſie, on obtient une grande quantité d'Air inflammable qui ne contient point d'acide aërien. L'alkali au contraire a perdu ſa ſaveur cauſtique, & fait effervesſcence avec les acides. On voit, dans cette expérience, pourquoi les charbons ardens brûlent d'une flamme bleue dans les fourneaux. Perſonne ne croira que cette flamme provienne d'une huile qui reſte encore dans le charbon. Pourroit-on douter que cette huile n'en eût été expulſée dès long-temps par la véhémence de la chaleur? Je remplis à demi une petite cornue de charbon broyé très-ſec, & j'y adaptai une veſſie vuidée d'Air. Dès que la cornue fut ardente, la veſſie ſe dilata; & lorſque le fond commença à rougir, la dilatation cessa. Pendant que je laissai refroidir l'appareil, l'Air rentra de la vessie dans les charbons. Le volume de cet Air étoit environ huit fois plus grand que celui des charbons. J'échauffai derechef la cornue; l'Air en ressortit & y rentra encore en refroidissant. Je répétai très souvent cette manœuvre avec le même résultat. Cet Air éteint le Feu, & contient un peu d'acide aërien. Lorsque l'Air gâté fut expulsé des charbons, & pendant que la cornue étoit encore rouge, je substituai à la première vessie une nouvelle vessie contenant de l'Air frais : ce nouvel Air fut absorbé par les charbons, & l'ardeur du Feu l'en fit ressortir; mais il étoit converti en Air corrompu. J'ai observé que ces charbons attirent encore une plus grande quantité d'acide aërien : le froment & la corne de cerf, réduits en charbons, ne fournissent pas de pareil Air. Quand les charbons ne donnent plus d'Air dans la vessie, & que l'on pousse vivement le Feu, de manière que toute leur masse devienne rouge, on obtient une autre sorte d'Air. Je forçai le Feu, jusqu'à ce que la vessie cessât de se dilater, & je la laissai refroidir. Une partie de cet Air rentra dans la cornue; mais il en resta beaucoup dans la vessie : c'étoit l'Air inflammable. J'appliquai le Feu encore une fois à ces charbons; mais je n'obtins plus qu'environ la quantité d'Air qui étoit rentré de la vessie dans la cornue pendant le refroidissement, & qui occupoit huit fois plus d'espace que les charbons. Alors je les sortis de la cornue & les allumai un peu à l'Air libre : je les laissai refroidir, & distillai encore une fois. Dès le commencement, & avant que la cornue ne devînt rouge, il s'en éleva de l'Air corrompu; & lorsque les charbons furent embrasés, ils me produisirent de nouveau une grande quantité d'Air inflammable. Je laissai encore refroidir l'appareil; puis je forçai tellement le Feu, que la cornue commença à fondre : mais je n'obtins que très-peu d'Air. Il faut donc embraser les charbons à l'Air libre, pour qu'ils fournissent encore de l'Air inflammable dans la cornue. Le charbon, contenant de l'alkali & de la chaux, est détruit par une double affinité : l'alkali, ou la chaux dégagée, se combine avec l'acide aërien & la chaleur qui pénètre la cornue avec le phlogistique. Lorsque l'alkali est saturé d'acide aërien, il ne peut plus se former d'Air inflammable : mais, si on brûle un peu de charbon à l'Air libre, il reparoîtra de l'alkali, & par ce moyen il peut se produire de nouveau de l'Air inflammable dans la cornue. On obtient, par la même raison, une grande quantité d'Air inflammable, en distillant à grand Feu de la corne de cerf charbonnée.

La flamme du charbon se forme donc, lorsque la chaleur qui se trouve entre les charbons ardens se combine avec leur phlogistique, & qu'une partie d'acide aërien s'unit avec leurs cendres. L'Air inflammable ne s'allume pas dans la masse des charbons, parce que l'Air du Feu qui y eſt interpoſé, ſe trouve déjà ſaturé par leur phlogiſtique : il faut qu'il s'élève & qu'il atteigne l'Air libre; c'eſt pourquoi les charbons ardens, qui renferment entr'eux de grands eſpaces, paroiſſent brûler à leur ſuperficie. C'eſt une choſe remarquable, que l'Air du Feu, qui eſt ſi ſubtilement diviſé par une certaine proportion de phlogiſtique, comme on l'obſerve dans la chaleur & la lumière, devienne ſi groſſier lorſque le phlogiſtique eſt plus abondant, au point, qu'on puiſſe le conſerver dans des bocaux. Quoique l'on ne découvre point, ou qu'il n'y ait que très-peu d'acide aërien dans l'Air inflammable tiré des charbons, on en trouvera cependant une bonne portion après la combuſtion de cet Air, lors même qu'on en auroit ſéparé auparavant, avec du lait de chaux, le peu qu'il pouvoit en contenir; ce qui prouve que cet Air inflammable a volatiliſé un peu de charbon, comme l'acide arſenical en digeſtion avec du zinc, produit un Air inflammable qui contient un peu de régule d'arſenic. Cette ſubtile diſſolution de charbon, & ſon introduction dans le ſang, ſeroit-elle la cauſe du grand danger des vapeurs du charbon ?

## §. XCVII.

### *De l'Air puant du ſoufre (29).*

1°. Je mêlai de la chaux vive en poudre fine, avec égale portion de poudre de ſoufre : je fis rougir le mêlange dans une petite cornue de verre, garnie d'une veſſie vuidée d'Air. Il s'éleva un peu de ſoufre dans le col de la cornue ; mais il ne parut point d'Air. Je verſai de l'acide marin ſur ce foie de ſoufre : il y eut une vive effervéſcence, accompagnée d'une forte odeur hépatique. Ce mêlange ne s'échauffa que peu.

2°. Je pris une partie de manganèſe bien broyée & une partie de poudre de ſoufre ; je fis rougir le mêlange dans une cornue munie d'une veſſie. Le ſoufre furabondant fe fublima, & j'obtins dans la veffie un efprit de foufre volatil. Le réfidu avoit une couleur verte; il faifoit effervefcence avec les acides, & fentoit le foie de foufre.

3°. Je préparai de l'alkali cauftique avec de la chaux & du tartre. Il s'échauffoit vivement avec les acides, mais fans effervefcence. Je le fondis avec du foufre dans un creufet couvert, pour en faire de l'hépar. Ce foie de foufre fit une forte effervefcence avec les acides qui l'échauffèrent peu.

4°. Je recueillis, dans des veffies féparées, cet Air obtenu par les opérations que je viens de rapporter : il avoit les propriétés fuivantes. 1°. Il ne précipitoit point l'eau de chaux : 2°. l'eau en abforboit une affez grande quantité, prenoit une forte odeur hépatique, & fa faveur étoit douceteufe : 3°. une lumière s'éteignit fubitement dans cet Air ; mais elle enflamma un mêlange d'une partie de cet Air & de deux parties d'Air commun

La fiole dans laquelle se fit l'inflammation se remplit d'un nuage blanc épais qui sentoit l'esprit de soufre volatil, & il déposa une poudre blanche qui étoit du soufre.

5°. Je mêlai de la poussière de charbon avec du soufre, & distillai dans une vessie vuide. J'obtins d'abord de l'Air corrompu; après quoi, je substituai une autre vessie, & renforçai le Feu : ce qui me produisit un Air puant de soufre, parfaitement pareil aux précédens. Pour voir si le soufre fournissoit cette espèce d'Air avec la seule chaleur, ainsi que cette même chaleur, combinée avec le phlogistique, produit l'Air inflammable, je mis un morceau de soufre dans une cornue, à laquelle j'adaptai une vessie, & j'entretins le soufre, pendant une demi-heure, en forte ébullition. L'Air n'augmenta ni ne diminua dans la cornue; mais il fut converti en Air corrompu, & non en Air puant du soufre. Le phlogistique du charbon influe donc sur la production de cet Air.

6°. Je remplis une cornue d'Air inflammable, dans laquelle j'avois mis un peu de soufre, & je fis bouillir le soufre comme ci-dessus : je posai la cornue dans l'une & l'autre expériences, de manière que le soufre sublimé pût, en étant fondu par la chaleur, couler dans la cornue. Après le refroidissement, l'Air de la cornue étoit, à la vérité, puant, mais insoluble dans l'eau. Il paroît que cet Air inflammable renferme une trop grande portion de phlogistique, qui met obstacle à la dissolution.

7°. Cet Air inflammable sulfureux paroît être un composé de chaleur, de phlogistique & de soufre.

Je remplis une fiole de cet Air; j'y versai un peu d'acide nitreux fumant, & je la fermai avec un bouchon bien juste: la fiole fut aussi-tôt pleine de vapeurs rouges épaisses. Une demi-heure après je tournai le flacon, & je le débouchai sous l'eau qui s'y introduisit sur le champ,

& qui en remplit les trois quarts. L'eau s'y chargea d'un peu de soufre.

8°. Je remplis de nouveau un flacon de cet Air ; j'y versai encore quelques gouttes d'acide nitreux fumant. L'esprit-de-vin d'un thermomètre que j'y plongeai monta tout de suite, & il se précipita une poudre jaune qui étoit du soufre.

9°. On voit au n°. 4, qu'après la combustion de cet Air, il précipita aussi du soufre, provenant sans doute de l'esprit de soufre volatil, séparé de la portion de soufre qui s'étoit enflammé.

Je fermai hermétiquement une fiole pleine de cet Air puant du soufre, dans laquelle j'avois versé un peu d'esprit de soufre volatil. Une demi-heure après, le verre étoit revêtu intérieurement d'une pellicule sulfureuse jaune, & l'Air étoit en grande partie absorbé. Je réitérai l'expérience, en plongeant un thermomètre dans la fiole : l'esprit-de-vin s'éleva sensiblement. Je versai un peu d'acide arsenical dans cet Air de soufre : l'acide devint jaune, & il se précipita un véritable orpiment. L'esprit de sel déphlogistiqué absorbe aussi cet Air, & en précipite le soufre ; mais l'acide marin n'y produit aucun changement.

Je pense donc que lorsque le phlogistique, au moyen duquel le soufre & la chaleur se combinent ensemble, est enlevé à cet Air, il se décompose en entier ; car il faut que la chaleur s'en dégage, & que le soufre se précipite. On peut en conclure encore que l'esprit de soufre volatil a de l'affinité avec le phlogistique.

Les alkalis & la chaux ne dissolvent le soufre que lorsqu'ils sont caustiques : la chaleur que contiennent ces sels, doit être la principale cause de leur adhérence au soufre. En y joignant un acide, celui du sel, par exemple, il se combine avec la terre calcaire ou l'alkali ; il dégage la chaleur : mais, comme elle ne devient pas sensible, il faut qu'elle forme une nouvelle combinaiſon. Cette chaleur ne pouvant s'unir au ſoufre qui ſe dégage en même temps, à moins qu'il ne s'y joigne encore du phlogiſtique (n°. 5), elle attire le principe inflammable d'une portion du ſoufre, & ſe réunit à autant de ſoufre dégagé, qu'il en faut pour former l'Air puant du ſoufre. Ceci s'explique encore mieux par le gypſe, le tartre vitriolé, ou même l'eſprit de vitriol volatil, qu'on trouve toujours dans l'alkali, après que le ſoufre a été précipité; ce qui eſt une ſuite naturelle de la décompoſition d'une partie de ſoufre dans la production de cet Air. En verſant beaucoup d'acide à-la-fois dans une ſolution de ſoufre par l'alkali, il ſe forme moins d'Air puant, & l'on obſerve dans le mêlange une huile ſubtile : mais cette huile ne reſte pas fluide ; elle s'épaiſſit & durcit à l'Air libre. Il paroît que cette grande quantité d'acide, en enlevant trop promptement l'alkali, s'oppoſe à la décompoſition du ſoufre, ou la réduit à très-peu de chose ; qu'en conséquence, la chaleur ne trouve pas assez de phlogistique pour convertir le soufre puant en vapeurs. L'opération n'est donc que commencée, & il en résulte une huile.

La formation de cet Air du soufre avec le soufre & des substances grasses, doit être attribuée à la même cause. Je distillai, dans une cornue garnie d'une vessie, une mixtion de soufre & d'huile d'olives. Dès qu'elle entra en ébullition, la vessie fut dilatée : j'obtins un Air puant de soufre. Le soufre, le phlogistique & la chaleur se trouvant ici réunis, cette production n'est pas surprenante. La meilleure méthode de se procurer cet Air, est de fondre dans une cornue trois onces de limaille de fer avec deux onces de soufre ; d'entretenir la chaleur, jusqu'à ce qu'il ne se sublime plus de soufre, & de casser la cornue lorsque tout est refroidi : le poids du fer sera augmenté d'une once. Ce fer soufré se dissout avec grande effervescence dans les acides, &

on n'en obtient que de l'Air puant du soufre, sans qu'il reste du soufre dans le résidu. Le phlogistique surabondant du fer s'en est dégagé durant la fusion, & s'est combiné avec la chaleur du Feu; ce qui est la cause de la lumière qui paroît (§. LXXXI). Le reste du phlogistique est justement dans la proportion nécessaire pour former, avec la chaleur du fer, une combinaison qui produise un Air puant, avec le soufre dégagé en même temps qu'elle par le secours de l'acide vitriolique (n°. 6).

*FIN.*

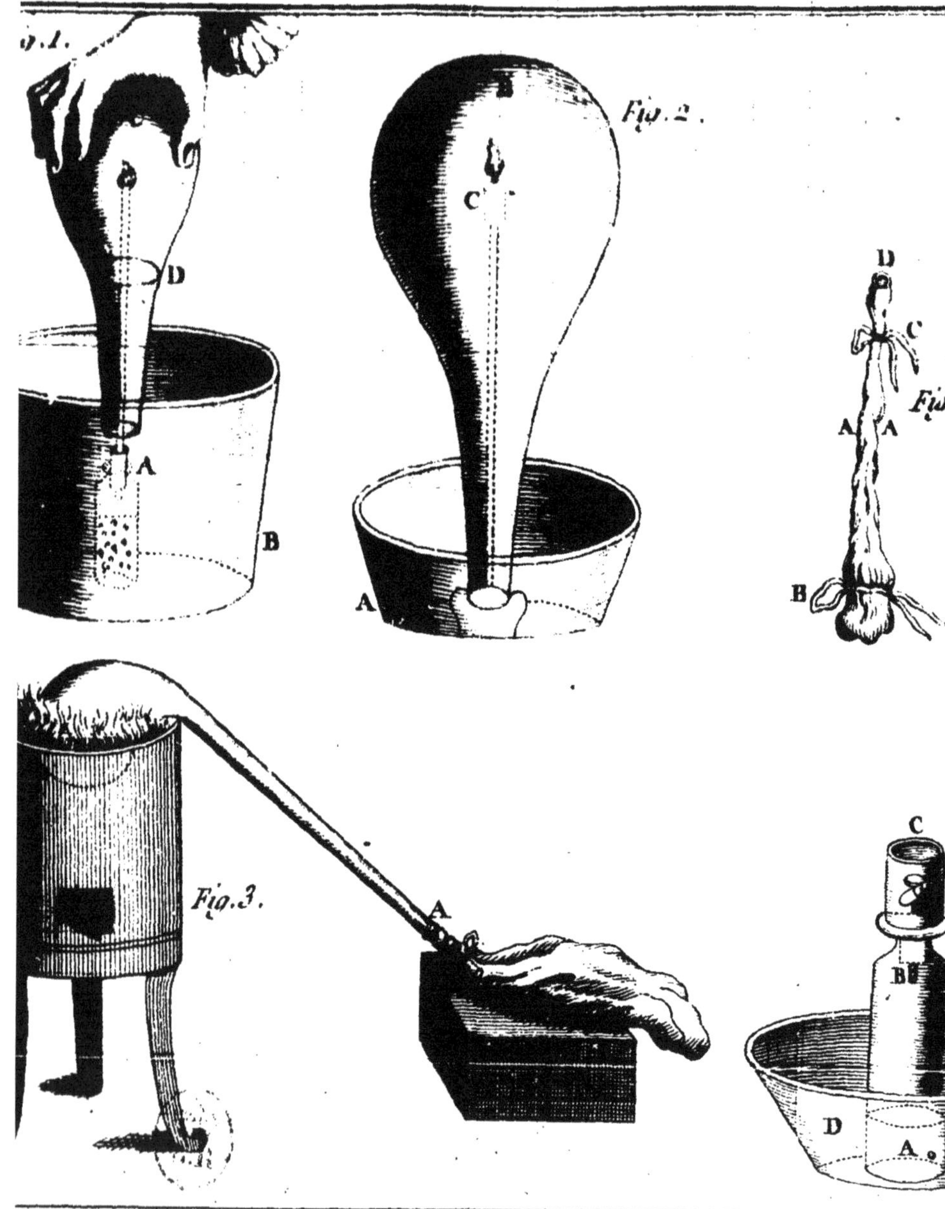

g.1.
D
A
B
Fig. 2.
B
C
A
D
C
A
A
B
Fig. 3.
A
C
B
D
A

# NOTES

## DU TRADUCTEUR.

(1) M. Lavoisier engagea un de ses amis à lire, dans une des Séances publiques de l'Académie Royale des Sciences de 1776, un Mémoire qui contenoit ses idées à ce sujet : elles parurent très-extraordinaires, & n'ont germé que dans la tête d'un petit nombre de Physiciens. Nous sommes malheureusement sujets à accueillir assez mal les nouveautés : elles choquent notre amour-propre, & dérangent le petit cercle d'idées que nous nous étions formées. Voyez les *Mémoires de l'Académie Royale des Sciences*, vol. de 1777, & les *Opusc. Chim.* de M. Lavoisier.

(2) C'est l'Air déphlogistiqué de Priestley. Voyez la *Note* 4.

(3) On avoit écrit des volumes sur la conversion de l'eau en terre, jusqu'à ce que M. Lavoisier ayant repris cette question par des expériences d'un genre très-délicat, crut l'avoir terminée dans un Mémoire imprimé dans le *Recueil* de l'Académie Royale des Sciences pour l'année 1777. Plus récemment M. l'Abbé Fontana, en rappellant les opinions de Boyle, de MM. de Machy;

Macquer, Margraff, nous a remis à un plus amplement informé (*Journal de Physique*, *Tom. XIII*, *année* 1779). L'expérience rapportée par M. Scheele, nous ramène aux conséquences tirées par M. Lavoisier : elle est directement opposée à l'assertion sur laquelle M. l'Abbé Fontana fonde son indécision. Il prétend que le poli & la transparence du verre ne sont pas attaqués par l'eau mise en digestion : au reste, cette différence peut provenir de la composition plus ou moins saline des verres dont ces deux Savans se sont servi.

(4) C'est une faute d'impression dans l'Edition Allemande; il devroit y avoir *déphlogistiqué* au lieu de *phlogistiqué*. Je conserverai scrupuleusement la nomenclature de M. Bergmann & de M. Scheele, pour que ma traduction soit plus rigoureusement exacte. Ce n'est pas que je ne me fusse plus volontiers servi du mot d'acide ou gaz crayeux, adopté par M. Bucquet, au lieu de celui d'Air fixe ou d'acide aërien, & du terme de gaz que nos Chimistes préfèrent pour les autres substances aëriformes, pour éviter le reproche de nommer *Air*, des substances fort différentes de celles que l'on désigne communément sous ce mot, l'*Air atmosphérique*. Au reste, cela ne peut choquer que les personnes qui ne sont pas au courant de la matière. M. Scheele

donne le nom d'*Air gâté*, *d'Air corrompu*, au gaz phlogistiqué. Le nom d'*Air du Feu*, *fever luff*, que M. Scheele donne à l'Air déphlogistiqué, auroit peut-être pu se traduire par *Air ignée*. Cependant je n'ai pas osé me servir de cette expression, parce qu'il me semble qu'elle voudroit dire que le Feu est une partie de l'Air déphlogistiqué, tandis que, selon M. Scheele, l'Air déphlogistiqué est une des parties constituantes du Feu.

(5) C'est une vérité généralement reconnue depuis plusieurs années. Il faut faire attention que cet Ouvrage a paru en 1777.

(6) Ceci suppose que l'Air du Feu de Scheele contient encore du phlogistique; & c'est sans doute pour cette raison que M. Bergmann reproche à M. Priestley de lui avoir donné le nom d'*Air déphlogistiqué*.

(7) M. le Roy, qui ignoroit cette Traduction, lut, à la Séance même de l'Académie des Sciences, dans laquelle je demandai des Commissaires pour l'examiner, cette observation de M. Bergmann. M. Portal nous dit à cette occasion, que Carminali avoit publié un vol. *in-4°*, intitulé, si je ne me trompe : *De suffocat. Animalium*, lequel étoit rempli d'expériences sur l'irritabilité éteinte dans les animaux asphyxiés. Au reste, depuis que M. Bergmann a publié cet

Avant-Propos, tous nos Auteurs, qui ont écrit sur les asphyxiés, ont fait des recherches sur les causes de leur mort, & sur la manière dont les gaz agissent sur les animaux. On s'en est aussi occupé en Allemagne. On y connoît sur-tout les travaux de M. Achard.

(8, §. IV) Ou par la fermentation.

(9, §. V) *Au mot, espece d'Air particuliere.* Je l'ai déjà dit, je préférerai d'appeler, avec M. Macquer, les fluides élastiques aëriformes, des gaz, & non des Airs, pour éviter toute équivoque. Voyez la *Note* 4.

(10, §. VIII) L'Air commun est composé de trois fluides, de l'Air du Feu, de l'Air corrompu & de l'acide aërien; ce qui paroît d'abord contradictoire avec le titre, qui n'en admet que deux espèces. Mais c'est relativement à la faculté de recevoir le phlogistique, que l'Auteur fait cette distinction; & dans ce cas, il comprend sans doute l'acide aërien & l'Air corrompu sous une même espèce, comme n'étant susceptibles ni l'un ni l'autre de dégager le phlogistique. Nous croyons devoir observer à cette occasion, que M. Lavoisier est le premier qui ait avancé que l'Air de l'atmosphère est composé de la réunion de plusieurs fluides élastiques.

(11, §. XXIV, *Titre*) Voy. la *Note* du §. VIII.

(12, §. XXX) L'appareil en usage aujourd'hui, est infiniment plus commode que la méthode de M. Scheele. Ainsi, les détails contenus dans ce §. deviennent presque superflus : mais je n'ai pas cru devoir les retrancher; ils font honneur à l'imagination de l'Auteur. Ils étoient absolument nécessaires lorsqu'il publia son Ouvrage.

(13) Il s'agit apparemment ici de l'aune d'Allemagne qui a deux pouces de moins que la demi-aune de France. Je ne me permets pas de réduire cette mesure en pieds & en pouces, quoique cela fût plus conforme à l'usage de notre Langue, parce qu'il pourroit y avoir en Suède une aune encore différente de celle d'Allemagne. Cependant l'Ouvrage étant écrit en Allemand, cela n'est pas à présumer.

(14) *Ardeur, chaleur ardente.*

(15, §. LVIII) Il en est ainsi du fer : son élasticité augmente avec la proportion du phlogistique. Ne pourroit-on pas dire, suivant les principes de notre Auteur, que la trempe produit son effet sur le fer phlogistiqué avec excès, parce que l'eau a une grande affinité avec la chaleur, qu'elle s'empare de la chaleur sensible du fer, & qu'elle évite par-là que cette chaleur ne se combine avec l'Air libre qui dégageroit une grande quantité de ce phlogistique par l'affluence de l'Air du Feu qu'il contient; au lieu que l'eau au contraire ne dégage que le phlogistique combiné avec l'Air du Feu dans la chaleur sensible ? Elle enveloppe l'acier de toute part ; & son phlogistique, ne pouvant être en contact immédiat avec l'Air du Feu, reste fixe. Il peut y séjourner paisiblement, lorsque la chaleur sensible a été enlevée par la trempe, parce que les pores du métal ne sont plus dilatés, & que l'Air du Feu ne peut plus le frapper directement. Il est vrai qu'il faut bien peu de chose pour rompre ses liens. Voyez §. LXXIX.

(16, §. LXVI) Voyez les Mémoires de M. Sennebier, Bibliothécaire de la République de Genève, ainsi que les différentes objections qui lui ont été faites dans le *Journal de Physique, années* 1776-1780 ; de plus, les observations de M. Opoix sur les couleurs, & sur-tout les recherches sur la cause des changemens de couleurs de MM. Edward, Hussey de Laval.

(17, §. *ibid.*) Cette observation est commune à MM. Becari, Meyer, Schultze & Sennebier.

(18, §. LXXII) Consultez encore ici les Ouvrages cités dans la *Note* 16.

(19, §. *ibid.*, *Note*) C'est demander pourquoi nous ne pouvons composer les huiles avec le phlogistique, l'acide aërien & l'eau. L'Auteur les admet comme principes constituans des huiles, quoiqu'on ne puisse pas parvenir à faire de l'huile

avec

avec ces ſubſtances. Il en eſt de même de plusieurs autres matières que nous ne pouvons former dans nos laboratoires, quoique leurs parties conſtituantes nous ſoient connues. Cette réfutation ne détruiroit donc pas l'opinion de M. Baumé, s'il n'y avoit encore d'autres armes contr'elle.

(20, *page 176, à la Note*) Les Phyſiciens attribuoient bien à la denſité de l'Air, la célérité avec laquelle le bois ſe conſume dans les grands froids, & l'ardeur & la clarté de nos feux de cheminées dans les temps de fortes gelées; mais ils ignoroient que ces effets fuſſent dus à l'abondance d'Air du Feu que la denſité de l'Air accumule autour des corps embraſés.

(21, §. LXXVII) Bien plus, on voit une auréole, une véritable flamme, ſuivant les expériences de MM. Macquer, Lavoiſier, Cadet, Darcet & Rouelle.

(22, §. LXXIX) En battant le briquet pour allumer une bougie, je me ſuis ſouvent impatienté de ce que le ſoufre de l'allumette ne s'enflammoit qu'après que tout l'amadou étoit réduit en charbon, pourvu néanmoins que le morceau d'amadou ne fût pas d'une grandeur démeſurée. Appliquez une allumette médiocrement ſoufrée ſur un petit morceau d'amadou qui commence à brûler : loin de s'allumer, elle éteindra la place où vous la poserez. L'allumette ne prendra feu, que lorsque tout le morceau d'amadou aura été converti en charbon : souvent même le soufre se fond, & coule sur l'amadou sans brûler ; & quand l'amadou est totalement embrasé, on voit la flamme du soufre fondu paroître sur son charbon. N'approchez l'allumette que lorsque l'amadou est dans cet état : le soufre s'allume sur le champ. Le tabac ne prend feu dans la pipe que lorsque l'amadou est consumé. La théorie de M. Scheele nous en fait voir la cause. Le phlogistique, qui se dégage en très-grande abondance de l'amadou auquel il n'adhère que foiblement en raison de la lâcheté de son tissu, s'empare de tout l'Air du Feu contenu dans l'Air environnant ; ce qui empêche le soufre ou le tabac de laisser échapper leur phlogistique, faute de trouver une substance avec laquelle il puisse se combiner, jusqu'à ce que tout le phlogistique de l'amadou se soit combiné avec l'Air du Feu : alors celui-ci, n'étant plus attiré par l'amadou, peut agir sur le soufre ou le tabac, & l'un & l'autre s'allument. Il est bon d'observer que lorsque l'on tient l'amadou par l'une de ses extrémités, de manière qu'une de ses surfaces ne pose point sur un autre corps, tel que la pierre à fusil avec laquelle on l'a allumé, ou le tabac renfermé dans une pipe, il enflamme le soufre, ou tout autre corps trèscombustible, presque aussi promptement que lorsqu'il est réduit en charbon, parce que dans ce cas il est en contact avec plus d'Air du Feu; l'Air commun l'environnant de toute part, tandis que lorsqu'il pose sur quelqu'autre substance, il ne communique à l'Air commun que par une de ses surfaces, & ne trouve alors que la quantité d'Air du Feu qui lui est indispensable pour sa propre combustion.

(23, §. LXXXVII) MM. Proust & Beuly ayant fait des pyrophores sans alun & sans acide vitriolique, cette explication tombe d'elle-même. Voyez le nouveau *Dictionnaire de Chimie* de M. Macquer, & le *Journal de Physique*, *Supplément à l'année* 1778.

(24, §. XC) Voyez les expériences analogues faites par l'Abbé Fontana, *Journal de Physique*, 1780, *Tome XV*, *pag.* 99-110.

(25, §. XCIII) Voyez l'expérience de Bernard-Christophe Meese, sur l'influence de la lumière sur les plantes, & le Mémoire de M. Sennebier, inséré dans le quatorzième Volume du *Journal de Physique*, *pag.* 368 & 369, 467 & 474.

(26, §. IX) Voyez la *Note* 23.

(27, §. XCIII, vers la fin) Les expériences de M. Ingen-Houze nous expliquent cette contradiction. Voyez aussi les expériences nombreuses de M. Marigues à ce sujet.

(28, §. XCVI) En réitérant un certain nombre d'explosions dans un même vaisseau, avec un mêlange d'Air inflammable & d'Air du Feu, les parois du vaisseau se tapissent d'une poussière blanchâtre qui a été examinée, si je ne me trompe, par M. l'Abbé Fontana, ou par M. de Volta.

(29, §. XCVII) Nous lui avons donné le nom d'*Air hépatique*.

---

## EXTRAIT *des Registres de l'Académie, du 8 Août 1781.*

MM. Lavoisier & Bertholet ayant rendu compte d'une Traduction faite par M. Dietrich, d'un Ouvrage de M. Scheele, intitulé : *Observations Chimiques & Expériences sur l'Air & sur le Feu*, l'Académie a jugé cet Ouvrage digne d'être imprimé sous son Privilège : en foi de quoi j'ai signé le présent Certificat. A Paris, ce 8 Août 1781. Le Marquis DE CONDORCET.

---

## *ERRATA.*

Page xj, ligne 3, *effacez* qu'il se forme.

Page xxij, lig. 5, Air phlogistique, *lisez* Air phlogistiqué.

Page xxiv, lig. 22, sa mort, *lisez* la mort.

Page xxviij, lig. 6, aigues, *lisez* actives.

Page xxxvj, lig. 19, formant, *lisez* forme.

---

De l'Imprimerie de DEMONVILLE, rue Christine.

www.ingramcontent.com/pod-product-compliance
Ingram Content Group UK Ltd.
Pitfield, Milton Keynes, MK11 3LW, UK
UKHW020314230726
13925UKWH00002B/413